OBUNSHA POKEDERU

中学入試 でる順

ポケでる 算数

文章題・図形
早ワザ 解法テクニック

三訂版

旺文社

特長と使い方

① 入試にでる順にポイントを集中的にチェックできる！

② でるポイント＋でる問題 の2ステップ学習方式なので，すいすいおぼえられるよ！

使い方1 「でるポイント」をまるごとおさえる！

でる順位

それぞれの範囲ごとのでる順位を示しているよ。

でるポイント

覚えておきたいポイントをわかりやすくまとめたよ。解き方の「早ワザ」をマスターしておこう。

使い方3 難関校の問題

「早ワザ」が身についたら，さらにレベルアップした入試問題にチャレンジしよう！

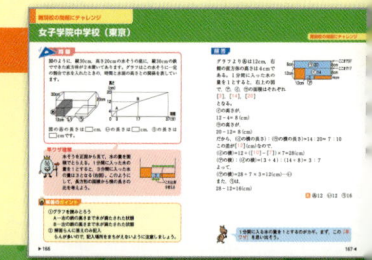

ボーナスポイント 2つの長方形の面積の和と新しくできた長方形の面積は等しい。

文章題編

入試ではこうでる

5%の食塩水と ☐ %の食塩水を3：2の割合で混ぜると9%の食塩水ができます。
(国学院大学久我山中)

面積図をかいてみよう。ポイントは「面積が等しい」ことだよ

方

のように、食塩の量を面積図で表す。
%の食塩水の面積は、
× (3 + [2]) = 45
%の食塩水の面積は、
× 3 = 15
から、もう1つの食塩水の面積は、
[45] − [15] = 30
- 全体の面積から一方を引けば、
もう一方の面積が出る
う1つの食塩水ののう度は、
[30] ÷ [2] = 15(%) …

わからない値がどこなのか、図をかいて確認しよう

使い方 2
「でる問題」で集中トレーニング！

入試問題

実際に出題された入試問題で実力をチェック！

使い方 4
おもしろ問題

パズル感覚で解く，面白い問題を紹介！

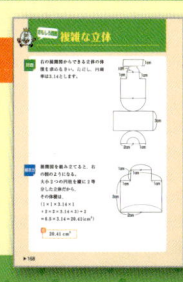

目　次

文章題編

でる順 1位 割合と比

❶ のう度
- 2つの食塩水を混ぜて平均化する ················ 10
- 2つの食塩水の量とのう度 ···················· 12

❷ 相当算
- 残ったページ数から全ページ数を求める ········ 14
- 男子と女子の割合から生徒数を求める ·········· 16
- もとにする量が2つある割合 ·················· 18

❸ 仕事算
- 仕事をする人数がと中で変わる場合 ············ 20
- 2人がある仕事をする場合 ···················· 22
- 2人のうちの1人が仕事を休む場合 ············ 24

❹ 売買損益
- 割り引き後の利益がわかる場合 ················ 26
- 品物の一部を割り引いて売る場合 ·············· 28

❺ 倍数算
- 同じ金額を使った後の残りの金額の比 ·········· 30
- やりとりで所持金の比が変わる場合 ············ 32

❻ 年れい算
- 年れい差がうまる場合 ························ 34

でる順 2位 速さ

❶ 旅人算
- 池の周りを進む2人 ·························· 36
- 後から出発した人が前の人を追いこす ·········· 38
- 2人が同じ道を往復する場合 ·················· 40
- 速さを変えて進む道のり ······················ 42

❷ 速さと道のりのグラフ
- 2人がすれちがう進行グラフ ·················· 44
- 出会いと追いこしの回数を読みとる ············ 46

❸ 時計算
- 長針が短針に追いつく時刻 ···················· 48

❹ 通過算
- 2つの列車が向かい合って進む ················ 50
- 2つの列車が同じ方向に進む ·················· 52

でる順 3位 規則性

❶ 約束に従って考える問題
- 2進法で表されるきまり ······················ 54

　　　　　ある数で割った余りで考える数列 ・・・・・・・・・・・・・・・・・・・・・・ 56
　　　　❷ 周期算
　　　　　ご石を並べたときの個数 ・・・・・・・・・・・・・・・・・・・・・・・・・・・・・・・・ 58
でる順 4 位 和と差に関する問題
　　　　❶ 差集め算
　　　　　値段の異なるものの個数を逆にした場合 ・・・・・・・・・・・・・・・・ 60
　　　　❷ 過不足算
　　　　　長いすに座る人数から全体の人数を考える ・・・・・・・・・・・・・・ 62
　　　　❸ 平均とのべ
　　　　　平均点の差から人数を求める ・・・・・・・・・・・・・・・・・・・・・・・・・・ 64
　　　　　いくつかの組み合わせの平均 ・・・・・・・・・・・・・・・・・・・・・・・・・・ 66
　　　　❹ つるかめ算
　　　　　一方の値段をもう一方にそろえる ・・・・・・・・・・・・・・・・・・・・・・ 68
　　　　　点がもらえたり引かれたりする場合 ・・・・・・・・・・・・・・・・・・・・ 70
　　　　❺ 集合
　　　　　図を利用して数の集まりを考える ・・・・・・・・・・・・・・・・・・・・・・ 72
でる順 5 位 数の性質
　　　　❶ 約数・倍数
　　　　　2つの数の最大公約数と最小公倍数 ・・・・・・・・・・・・・・・・・・・・ 74
　　　　　公倍数と余りの関係 ・・・・・・・・・・・・・・・・・・・・・・・・・・・・・・・・・・ 76
　　　　　最大公約数・最小公倍数を求める ・・・・・・・・・・・・・・・・・・・・・・ 78
　　　　❷ 整数・小数
　　　　　四捨五入した数のつきとめ ・・・・・・・・・・・・・・・・・・・・・・・・・・・・ 80
でる順 6 位 場合の数
　　　　❶ 図形と場合の数
　　　　　交差点で合流する道順の数 ・・・・・・・・・・・・・・・・・・・・・・・・・・・・ 82
　　　　　四角形をつくる組み合わせ ・・・・・・・・・・・・・・・・・・・・・・・・・・・・ 84
　　　　　円周上の点から三角形をつくる ・・・・・・・・・・・・・・・・・・・・・・・・ 86
　　　　❷ 組み合わせ
　　　　　表をかいて求める整数の値 ・・・・・・・・・・・・・・・・・・・・・・・・・・・・ 88
　　　　❸ 数の性質と場合の数
　　　　　数字を選んである数の倍数をつくる ・・・・・・・・・・・・・・・・・・・・ 90
でる順 7 位 調べと推理・グラフ
　　　　❶ 推理
　　　　　ま方じんの計算 ・・・・・・・・・・・・・・・・・・・・・・・・・・・・・・・・・・・・・・ 92
　　　　❷ グラフ
　　　　　帯の長さは全体に対する割合を表す ・・・・・・・・・・・・・・・・・・・・ 94
難関校の問題にチャレンジ
　　　　　麻布中学校 ・・ 96

灘中学校 ·· 98
愛光中学校 ······································ 100

おもしろ問題
油わけ算 ·· 102

平面図形編

でる順 1 位 面積
① 三角形・四角形の面積
分割して求める面積 ······························ 104
三角形を変形して面積を求める ·················· 106
直接求められない辺の長さ ······················ 108

② 複合図形の面積
半円やおうぎ形を組み合わせた図形 ············· 110
円の一部を分割した図形 ························· 112

でる順 2 位 図形の移動
① 回転移動
回転移動は面積の等しい部分を考える ··········· 114

② 点の移動と図形の面積
点の移動は旅人算を利用する ···················· 116
面積の変化をグラフから読みとる ················ 118

③ 図形の移動と面積
三角形の平行移動 ································ 120

でる順 3 位 角の大きさ
① 多角形の角の和
いくつもの角の和 ································ 122

② 線対称な図形
折り返した図形の角の大きさ ···················· 124

③ 直角三角形の合同
長方形の対角線でできた三角形と角 ············· 126

でる順 4 位 面積や辺の比
① 面積の比
辺の比から四角形の面積を考える ··············· 128
相似な三角形をふくむ平行四辺形 ················ 130

② 辺の比
三角形の内部の線分の比 ························· 132

難関校の問題にチャレンジ
神戸女学院中学部 ································ 134
ラ・サール中学校 ································ 136

おもしろ問題
　　　　　センターラインの公式……………………………………… 138

空間図形編

でる順 ❶ 位　容積
❶ 容積
組み合わせた立体と水の量の関係 ………………………… 140
❷ 水深の変化
段差のある水そう ……………………………………… 142
2つの管がある水そう …………………………………… 144
しきりのある水そう ……………………………………… 146

でる順 ❷ 位　立体図形の体積と表面積
❶ 立体のくりぬき
立方体・直方体の組み合わせ …………………………… 148
立体に穴をあけた場合の表面積 ………………………… 150
❷ 円柱を3分割した立体
円柱の一部分の体積を求める …………………………… 152

でる順 ❸ 位　立体図形の切断
❶ 立体の切り口
立方体を切断してできる面 ……………………………… 154
❷ ななめに切断された立体
いくつかの方向から見た立体 …………………………… 156

でる順 ❹ 位　展開図とその利用
❶ 展開図
組み立てた立体の体積 …………………………………… 158
立方体を展開図から組み立てる ………………………… 160
展開図から求める円すいの表面積 ……………………… 162
❷ ひもの巻きつけ・最短きょり
円すいの側面上を通る最短きょり ……………………… 164

難関校の問題にチャレンジ
　　　　　女子学院中学校 ………………………………………… 166
おもしろ問題
　　　　　複雑な立体 ……………………………………………… 168

注目問題編

でる順 1位 **3つ以上の量の関係**
- ❶ 単位のかん算 ··· 170

でる順 2位 **もとにする量と比べられる量**
- ❶ 百分率 ·· 172

でる順 3位 **かけ算の筆算**
- ❶ 虫食い算 ··· 174

スタッフ
編集／山野友子
装丁／養父正一(Eye-Some Design)　松田英之(Eye-Some Design)
イラストレーション／北田哲也　本文デザイン／木下春圭(株式会社 ウエイド)
編集協力／有限会社 四月社
校閲／花園安紀　N2

文章題 編

- でる順 **1**位 割合と比 ・・・・・・・・・・・・・・・・・・・・・・ 10
- でる順 **2**位 速さ ・・・・・・・・・・・・・・・・・・・・・・・・・・ 36
- でる順 **3**位 規則性 ・・・・・・・・・・・・・・・・・・・・・・・・ 54
- でる順 **4**位 和と差に関する問題 ・・・・・・・・・・・・・ 60
- でる順 **5**位 数の性質 ・・・・・・・・・・・・・・・・・・・・・・ 74
- でる順 **6**位 場合の数 ・・・・・・・・・・・・・・・・・・・・・・ 82
- でる順 **7**位 調べと推理・グラフ ・・・・・・・・・・・・・ 92
- 難関校の問題にチャレンジ ・・・・・・・・・・・・・・・・・ 96
- おもしろ問題 ・・・・・・・・・・・・・・・・・・・・・・・・・・・・ 102

文章題編

① のう度

でる順 1位 割合と比
2つの食塩水を混ぜて平均化する

こんな問題がでる！

5％の食塩水200ｇと6％の食塩水300ｇを混ぜあわせると，□％の食塩水ができる。

でるポイント

2つの食塩水を混ぜあわせるとき
→食塩の量を面積図で考える！

早ワザマジック！

混ぜあわされた状態が平均化した面積図に変身！

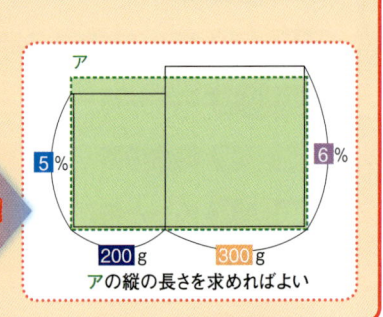

アの縦の長さを求めればよい

解き方

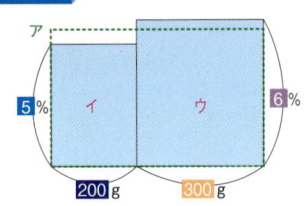

(イの面積) = 5 × 200
= 1000
(ウの面積) = 6 × 300
= 1800
(アの縦の長さ)
= (イ+ウ) ÷ (200 + 300)
= 5.6 (％) … 答

ボーナスポイント
2つの長方形の面積の和と新しくできた長方形の面積は等しい。

文章題編

入試ではこうでる

5%の食塩水と ☐ %の食塩水を3:2の割合で混ぜると9%の食塩水ができます。

(国学院大学久我山中)

> 面積図をかいてみよう。ポイントは「面積が等しい」ことだよ

解き方

右のように,食塩の量を面積図で表す。

9%の食塩水の面積は,
$9 × (3 + [2]) = 45$

5%の食塩水の面積は,
$5 × 3 = 15$

だから,もう1つの食塩水の面積は,
$[45] - [15] = 30$

└ 全体の面積から一方を引けば,もう一方の面積が出る

もう1つの食塩水ののう度は,
$[30] ÷ [2] = 15 (\%) \cdots$ **答**

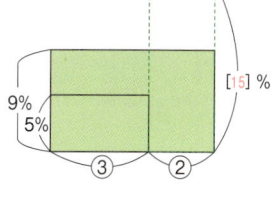

図中: 9%, 5%, [15]%, ③, ②

> わからない値がどこなのか,図をかいて確認しよう

文章題編 ① のう度

でる順 1位 割合と比
2つの食塩水の量とのう度

こんな問題がでる！

6％の食塩水200gに20％の食塩水を□g混ぜると，のう度が15％になった。

でるポイント

のう度がわかっている
→天びん図を使ってのう度の比を考える！

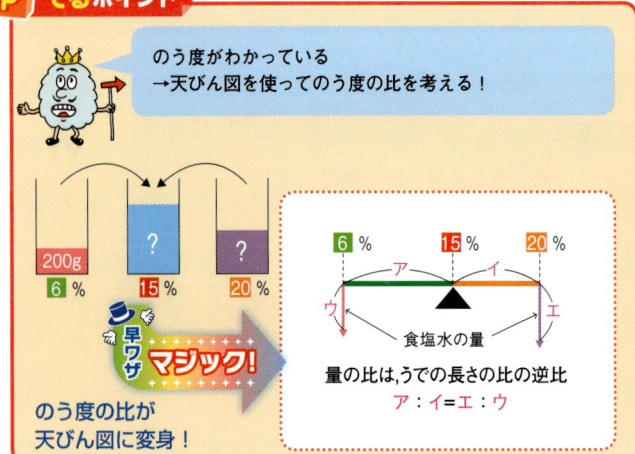

のう度の比が天びん図に変身！

早ワザマジック！

量の比は，うでの長さの比の逆比
ア：イ＝エ：ウ

解き方

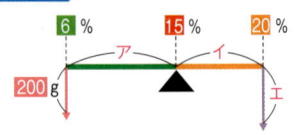

ア：イ＝エ：200
(15－6)：(20－15)
＝エ：200
9：5＝エ：200
よって，エ＝9×200÷5
＝360(g)…答

> **ボーナスポイント** 天びん図を利用しよう。水ののう度は 0％と考えればよい。

文章題編

入試ではこうでる

8％の食塩水300gに水を加えて6％の食塩水にするには，水を ▢ g加えればよいです。

（明治大学付属中野中）

解き方

食塩水の量の比は，天びん図のうでの長さの比とは逆だよ

水を食塩水と考えると，そののう度は[0]％
右の図から，
ア：イ＝[6]：(8－6)
　　　＝6：2
　　　＝3：1
よって，
ウ：300＝[1]：[3]
└ 加える水と8％の食塩水の量の比

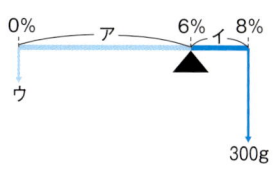

ウ＝300÷[3]
　＝100(g)…**答**

比の式のつくり方に注意しよう

文章題編　２ 相当算

でる順 1位 割合と比
残ったページ数から全ページ数を求める

こんな問題がでる！

ある本を，全体の $\frac{2}{3}$ より12ページ少なく読んだところ，52ページ残った。この本は全部で □ ページある。

でるポイント

もとにする量(全ページ数)を求める
→線分図をかいて数量の関係を整理！

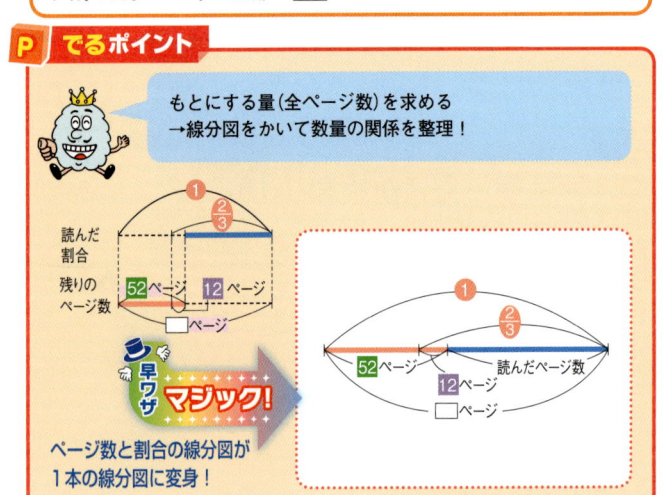

ページ数と割合の線分図が1本の線分図に変身！ (早ワザマジック！)

解き方

アの部分の割合とページ数を求める

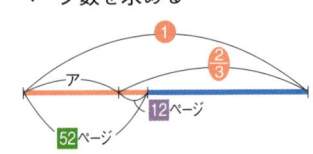

アの割合は，$1 - \frac{2}{3} = \frac{1}{3}$

アのページ数は，
$52 - 12 = 40$（ページ）

①にあたる量が本の全部のページ数だから，□ は，
$40 \div \frac{1}{3} = 120$（ページ）… 答

ボーナスポイント：ページ数とその（全体に対する）割合がわかれば，全体のページ数が求まる。

文章題編

入試ではこうでる

太郎君はある本を読みました。1日目は全体の $\frac{2}{9}$ と14ページ，2日目は残りの $\frac{1}{3}$ と7ページを読んだところ，まだ49ページ残りました。この本は全部で □ ページあります。

（同志社香里中）

線分図をかいて，どのページ数がどの割合にあたるのかを考えよう

解き方

まず，2日目の全体のページ数を求める。2日目に残った49ページと，読んだ7ページを加えたものは，2日目の全体の $\frac{2}{3}$ にあたるので，2日目の全体のページ数は，

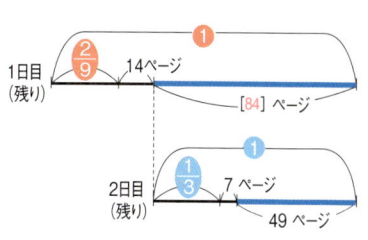

$(49 + [7]) \div \frac{2}{3} = 84$（ページ）
　　└─ 1日目に残ったページ数

これに，1日目に読んだ14ページを加えたものは，全体の $\frac{7}{9}$ にあたる。よって，この本全体のページ数は，

$(84 + [14]) \div [\frac{7}{9}] = [98] \times \frac{9}{7}$

$= 126$（ページ）…**答**

文章題編 ② 相当算

でる順 1位 割合と比
男子と女子の割合から生徒数を求める

こんな問題がでる！

ある学校では，女子生徒は全体の50％より20人少なく，男子生徒は全体の60％より24人少ない。この学校の生徒数は全部で□人である。

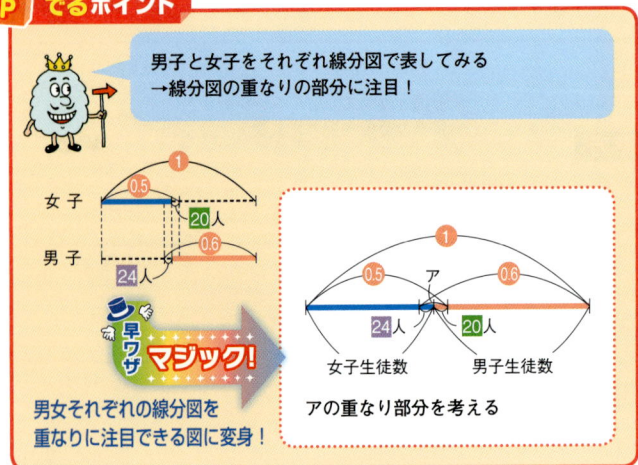

でるポイント

男子と女子をそれぞれ線分図で表してみる
→線分図の重なりの部分に注目！

男女それぞれの線分図を重なりに注目できる図に変身！

アの重なり部分を考える

解き方

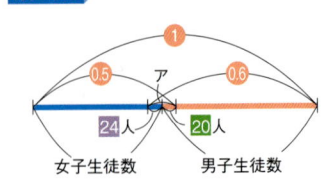

アの割合は0.1で人数は，
24 + 20 = 44（人）

①にあたる量□は，
44 ÷ 0.1 = 440（人）…答

> **ボーナスポイント** 全体の人数は，(人数)÷(全体に対する割合)で求められる。

文章題編

入試ではこうでる

ある音楽会に参加した女子は，男子の人数より43人多くいました。また，参加者全体の60%が女子でした。この音楽会に参加した人は全部で□人です。

(桐朋中)

線分図をかいて，その差に注目しよう

解き方

女子の割合は全体の60%より，
男子の割合は[40]%
右の図より，女子と男子の割合の差の[20]%が43人なので，参加者全体の人数は，

$43 ÷ [0.2] = 215$(人)…**答**

└ (比べられる量)÷(割合)=(もとにする量)

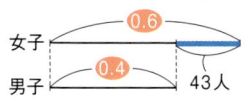

女子 —— 0.6 ——
男子 —— 0.4 —— 43人

比べられる量と，その割合を見つけよう

文章題編 ② 相当算

でる順 1位 割合と比
もとにする量が2つある割合

こんな問題がでる！

Aさんはノートを買うために所持金の$\frac{1}{6}$を使った。残りの$\frac{3}{4}$より400円少ない金額で本を買ったところ，1000円残った。Aさんは最初，□円持っていた。

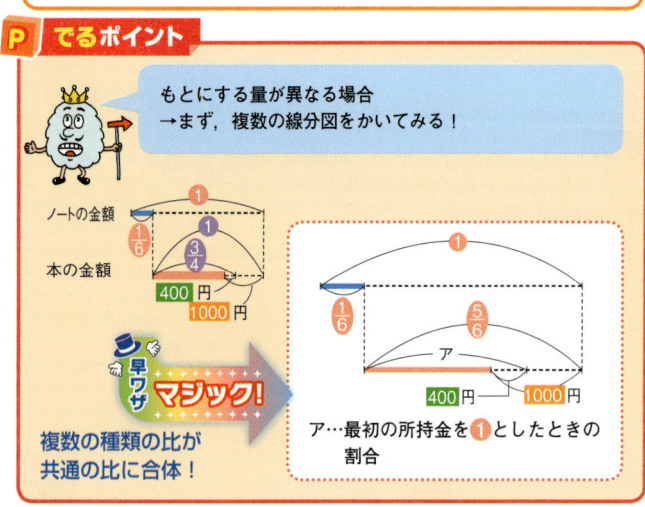

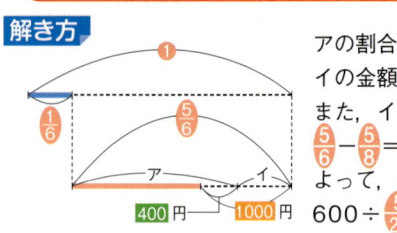

でるポイント

もとにする量が異なる場合
→まず，複数の線分図をかいてみる！

複数の種類の比が共通の比に合体！

ア…最初の所持金を①としたときの割合

解き方

アの割合は $\left(①-\frac{1}{6}\right)\times\frac{3}{4}=\frac{5}{8}$

イの金額は $1000-400=600$（円）

また，イの割合は全体の

$\frac{5}{6}-\frac{5}{8}=\frac{5}{24}$ にあたる。

よって，全体の金額は，

$600\div\frac{5}{24}=2880$（円）…答

ボーナスポイント　もとにする量が2つある場合は，線分図を2本かいて順番に割合を表していく。

文章題編

入試ではこうでる

コシノさんが買い物に行きました。最初に800円使ったあと，残ったお金の30%を使ったところ，はじめに持っていた金額の $\frac{1}{6}$ だけ残りました。
コシノさんが，はじめに持っていた金額は□円です。

(帝京大学中)

もとにする量を何にするか考えよう

解き方

右の図で，① − ⓪.③ = ⓪.⑦

が全体の $\frac{1}{6}$ にあたるので，

全体①は，

$[0.7] \div \frac{1}{6} = [4.2]$　と表される。

よって，はじめに持っていた金額は，

$800 \div ([4.2] - ①) \times [4.2] = 1050$(円)… **答**

└─ 800円使ったあとに残った金額

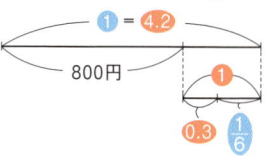

1つずつ線分図をかいて求めよう

文章題編 ③ 仕事算

でる順 1位 割合と比
仕事をする人数がと中で変わる場合

こんな問題がでる！

5人ですると20日かかる仕事がある。はじめの5日間は4人で働き、残りの仕事を8人ですると、この仕事が終わるまでにそこから □ 日かかる。

でるポイント

全体の仕事量は一定
→ 1人が1日にする仕事量を1と考える！

早ワザマジック！

それぞれの人数での仕事量が面積図に変身！

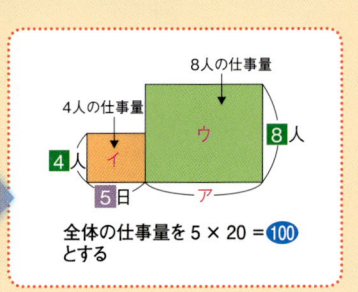

全体の仕事量を 5×20 = 100 とする

解き方

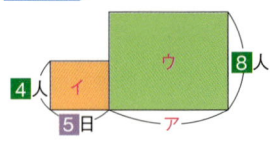

全体の仕事量を 5×20 = 100 とすると、
（イの面積）= 4×5 = 20
（ウの面積）= 8×ア
20 + 8×ア = 100
ア = 10（日）…答

ボーナスポイント　3台ですると12日かかる仕事では，全体の仕事量は $3 \times 12 = 36$ とする。

文章題編

入試ではこうでる

同じ機械3台ですると12日かかる仕事を，最初の6日は2台使ってしまいました。残った仕事を3台ですると，あと □ 日かかります。

(茗溪学園中)

全体の仕事量をいくつとしてみればよいかを考えよう

解き方

全体の仕事量を，
$3 \times 12 = 36$
とすると，
(イの面積) $= 2 \times [6] = 12$
　└ 最初の6日の仕事量

(ウの面積) $= [3] \times ア$
　└ 残りの仕事量

$12 + 3 \times ア = [36]$
よって，
$ア = (36 - 12) \div 3$
$ = 8 (日)$ … **答**

文章題編　③ 仕事算

でる順 1位　割合と比
2人がある仕事をする場合

こんな問題がでる！

ある仕事をするのに、A1人ですると30日かかり、B1人ですると45日かかる。この仕事を、はじめBだけが15日働き、残りをAだけですると、Aは□日働くことになる。

でるポイント

Aが30日、Bが45日かかる仕事
→仕事の全体量を30と45の最小公倍数で考える！

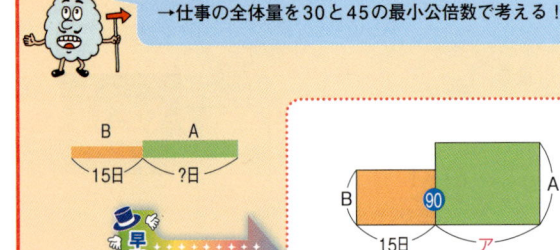

早ワザマジック！

一定の仕事量が面積図に変身！

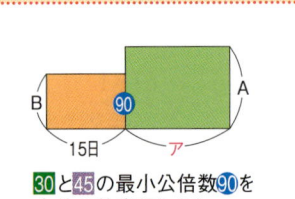

30と45の最小公倍数90を全体の仕事量とする

解き方

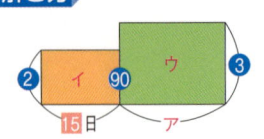

全体の仕事量を⑨⓪とすると、
Aの1日の仕事量は⑨⓪÷㉚＝③
Bの1日の仕事量は⑨⓪÷㊺＝②
イ＝②×⑮＝㉚、ウ＝③×ア
㉚＋③×ア＝⑨⓪、③×ア＝㉠
ア＝20（日）…答

ボーナスポイント

仕事にかかる日数がちがう場合、全体の仕事量を2人のかかった日数の最小公倍数にするとよい。

文章題編

入試ではこうでる

ある仕事は、太郎君が1人ですると15日間、花子さんが1人ですると10日間かかります。この仕事をするのに、太郎君が10日間仕事をした後、2人で残りの仕事をしました。このとき、花子さんが仕事をしたのは ◻ 日間です。

（市川中）

解き方

> 全体の仕事量をいくつとしてみればよいかを考えよう

15と10の最小公倍数[30]を全体の仕事量とすると、

> まず、仕事の全体量を数字で表す

太郎君の1日の仕事量は、
$30 \div 15 = 2$
花子さんの1日の仕事量は、
$30 \div 10 = 3$
太郎君だけでした仕事量は、
$2 \times 10 = 20$
2人でした仕事の日数アは、
$(30 - [20]) \div ([2] + [3]) = 2$ （日間）… **答**

> 2人でした日数が、花子さんの仕事日数

> 花子さんは2人で仕事をしているよ

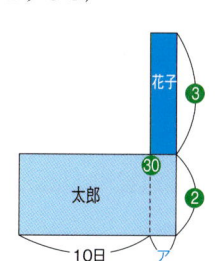

文章題編 ③ 仕事算

でる順1位 割合と比
2人のうちの1人が仕事を休む場合

こんな問題がでる！

ある仕事をするのに，Aだけでは18日，Bだけでは30日かかる。この仕事をA，B2人でいっしょにしたとき，Bが何日間か休んだため，ちょうど12日かかった。Bは□日休んだ。

でるポイント

全体の仕事量が一定
→A，Bの1日あたりの仕事量を考える！

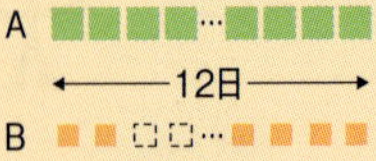

それぞれの仕事量が面積図に変身！

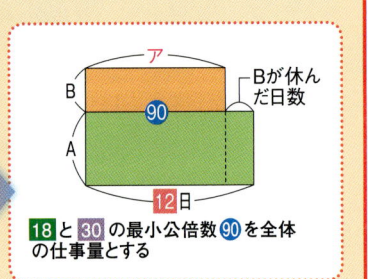

18と30の最小公倍数90を全体の仕事量とする

解き方

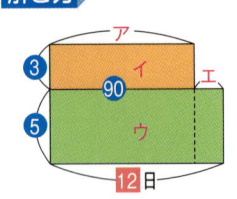

全体の仕事量を90とすると，
Aの1日の仕事量は，90÷18＝5
Bの1日の仕事量は，90÷30＝3
イ＝3×ア，ウ＝5×12＝60
90＝イ＋ウ＝3×ア＋60
ア＝10
よって，エ＝12－10＝2（日）…答

ボーナスポイント
面積図は2人のした仕事を長方形にして2段重ねに。休みは最後に持っていく。

文章題編

入試ではこうでる

A君1人ならば30日間で、B君1人ならば20日間で仕上げることができる仕事があります。この仕事を、A君、B君2人でいっしょに始めましたが、と中でA君が□日間、B君が3日間休んだので、仕事を始めてから、ちょうど15日間で仕上げることができました。

(明治大学付属明治中)

全体の仕事量をいくつとしてみればよいかを考えよう

解き方

全体の仕事量を[60]とすると、A君、B君の1日の仕事量はそれぞれ、
$60 ÷ [30] = 2$、$60 ÷ [20] = 3$
B君が休んだ3日間でA君だけでできる仕事量は、$2 × 3 = 6$ より、
残りの仕事量は、$[60] - [6] = 54$

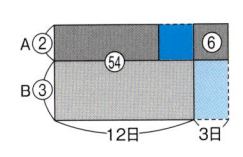

— この仕事量に対してA君が何日間休んだのかを考える

B君がした仕事量と、その残りをA君がした日数はそれぞれ、
$3 × 12 = 36$、$(54 - [36]) ÷ 2 = 9$(日)
よって、A君が休んだ日数は、
$[15] - ([9] + 3) = 3$(日間)…**答**

文章題編 ④ 売買損益

でる順1位 割合と比
割り引き後の利益がわかる場合

こんな問題がでる！

ある品物に仕入れ値の2割5分の利益を見こんで定価をつけ、定価の1割引きで売ったら利益が300円だった。この品物の仕入れ値は□円である。

でるポイント

仕入れ値を1として、利益、定価、割り引き価格を割合で表す！

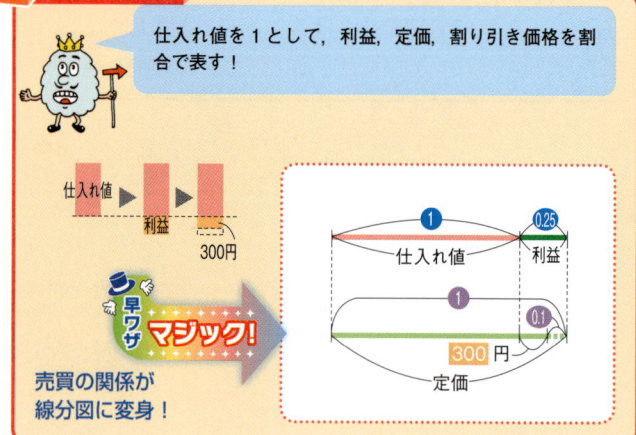

売買の関係が線分図に変身！

解き方

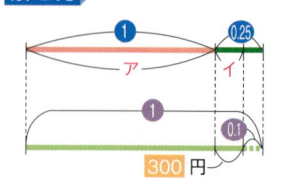

①が 1.25 にあたる。

イ = 0.25 − 1.25 × 0.1 = 0.125

ア = 300 ÷ 0.125 = 2400（円）

よって、2400（円）… 答

> **ボーナスポイント** 仕入れ値を1として，定価，売り値，利益の順に割合で表す。

文章題編

入試ではこうでる

□円で仕入れた品物に3割増しの定価をつけ，それを定価の2割引きで売ると利益は600円になります。

(土佐塾中)

仕入れ値と定価を割合で表してみよう

解き方

仕入れ値を1とすると定価は[1.3]と表せる。
もとの利益から定価の2割を引くと，利益の割合は，
0.3 − [1.3] × [0.2] = 0.04
  └── もとにする量(仕入れ値)に対する割合

これが600円にあたるから，
仕入れ値は，
[600] ÷ [0.04] = 15000（円）… 答
  └── (利益)÷(利益の割合)
    =(仕入れ値)

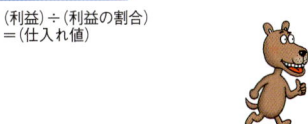

もとにする量を決めたら，それを1として割合を考えよう

文章題編 ④ 売買損益

でる順1位 割合と比
品物の一部を割り引いて売る場合

こんな問題がでる！

ある品物を15個仕入れ，2割の利益を見こんで定価をつけたが，5個しか売れなかったので残り全部を定価の1割引きで売ったところ，売り切れて全部で900円の利益があった。この品物の仕入れ値は□円である。

でるポイント

仕入れ値を1とし，利益，定価，割り引き価格を割合で表し，売った個数との関係を考える！

利益 仕入れ値
× 5個 × 10個 = 900円

早ワザマジック！

売った個数と利益の関係が面積図に変身！

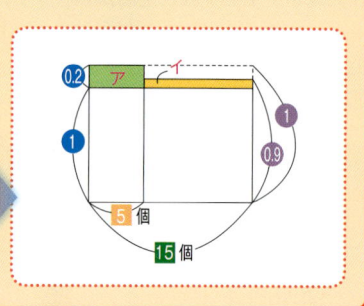

解き方

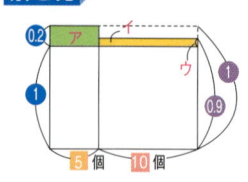

ウの割合 = 1.2 × 0.9 − 1 = 0.08
ア = 0.2 × 5 = 1
イ = 0.08 × 10 = 0.8
よって，仕入れ値は，
900 ÷ (1 + 0.8) = 500(円)… 答

ボーナスポイント
定価で売ったグループと，値引きして売ったグループの2つに分けて面積図で表す。

文章題編

入試ではこうでる

原価300円の品物を100個仕入れて，10%の利益を見こんで定価をつけて売りましたが，20個売れ残ったので，定価の☐%引きで残りをすべて売ったところ，1020円の利益となりました。

(国府台女子学院中学部)

> 定価から割り引いたものは原価より安くなっているところに注意しよう

解き方

最初に売れた80個分の利益は，
$300 \times [0.1] \times 80 = 2400$(円)
残りの20個を売った後の利益が1020円より，1個あたりの損益は，
$(2400 - [1020]) \div [20] = 69$(円)

┗ この金額は，利益ではなく損失額になる

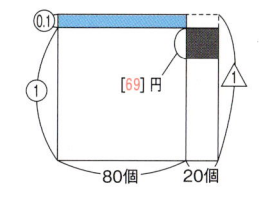

値引き後の売り値は，
$300 - 69 = 231$(円)
よって，値引き率は，
$1 - 231 \div (300 \times [1.1]) = 0.3$
$0.3 = [30]$(%)…**答**

> もとにする量，比べられる量をまちがわないようにしよう

文章題編　⑤ 倍数算

でる順 1位 割合と比
同じ金額を使った後の残りの金額の比

こんな問題がでる！

兄は2000円、弟は1600円持っていた。兄と弟が同じ金額を使ったところ、残っている金額の比は5：3となった。兄と弟が使った金額は□円である。

でるポイント

同じ金額を使う
→お金を使う前と後で、持っている金額の差は一定！

2000円 − ○円 = ■円
　↕ 差は400円 ↕
1600円 − ○円 = ▲円

早ワザマジック！

金額の差が一定であることが線分図に変身！

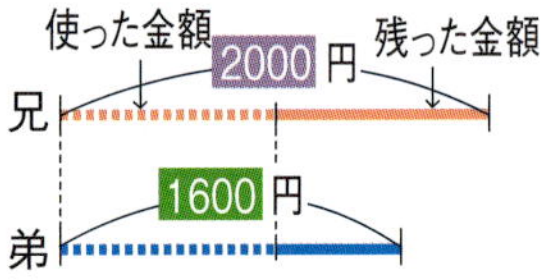

（線分図：兄 2000円＝使った金額＋残った金額、弟 1600円＝使った金額＋残った金額）

解き方

（線分図：兄 2000円、イ、⑤／弟 1600円、イ、③、ア）

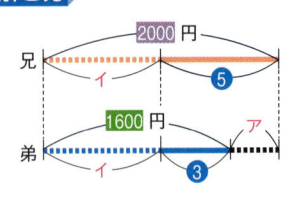

アの金額は、
2000 − 1600 = 400（円）
これにあたる比は、⑤ − ③ = ②
イの金額は、2000 − 400 × 5/2
　　　　　　＝ 1000（円）…答

ボーナスポイント：2本の線分図→同じ金額を使ったり，もらったりするときは左にまとめる。差が一定に注目。

文章題編

入試ではこうでる

A君とB君のはじめの所持金の比は5：3でしたが，2人とも350円ずつ使ったところ，残金の比は9：4になりました。はじめのA君の所持金は□円でした。

(桐朋中)

> 使った金額は同じなので，使う前後の比の差も等しいことに注目しよう

解き方

使う前の比の差は 5 － 3 ＝ 2
使った後の比の差は 9 － 4 ＝ 5
使ったお金は同じだから，使う前後の比の差も等しい。
使う前の比を5倍，使った後の比を2倍すると，右の図から350円は
[25] － 18 ＝ 7

└ 実際にわかっている金額が比ではいくつにあたるかをみる

よって，はじめのA君の所持金は，

$350 \times [\frac{25}{7}] = 1250 \text{(円)} \cdots$ **答**

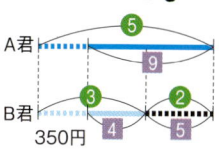

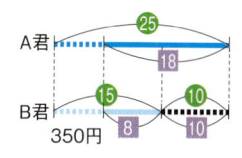

> 350円がどの比のいくつにあたるのかがポイントだ

文章題編　　　⑤ 倍数算

でる順 1位　割合と比
やりとりで所持金の比が変わる場合

こんな問題がでる！

A君とB君の持っている金額の比は、2：1だったが、A君がB君に400円あげたところ、2人の持っている金額の比は3：2になった。はじめにA君は□円持っていた。

でるポイント

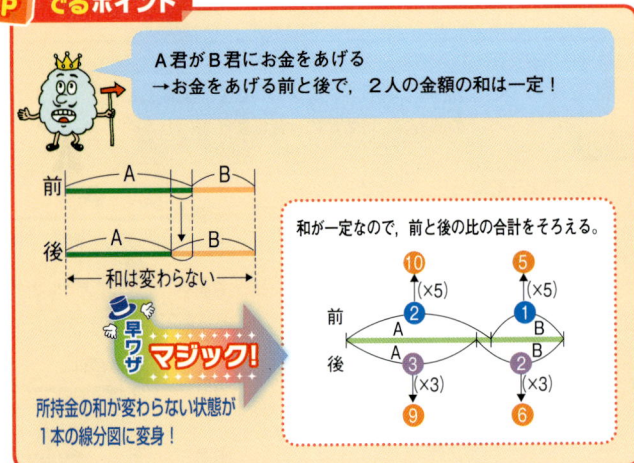

A君がB君にお金をあげる
→お金をあげる前と後で、2人の金額の和は一定！

前： A ─ B
後： A ─ B
←和は変わらない→

和が一定なので、前と後の比の合計をそろえる。

前： ②A ①B　（×5）→ ⑩ ⑤
後： ③A ②B　（×3）→ ⑨ ⑥

早ワザマジック！
所持金の和が変わらない状態が1本の線分図に変身！

解き方

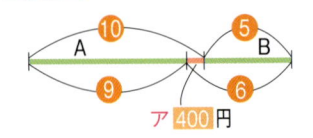

⑩A ⑤B
⑨　 ⑥
　ア 400円

アの部分の比は、
②×5−③×3＝①

よって、はじめにA君が持っていた金額は、
400×⑩＝4000（円）…答

ボーナスポイント：「2人のやりとり」＝「合計は変わらない」として1本の線分図にして比をそろえる。

文章題編

入試ではこうでる

兄と弟が持っているお金の金額の比は7：4であった。兄が弟に150円をあげると兄と弟が持っているお金の金額の比は8：5になった。兄は最初□円持っていた。

(灘中)

> 比をそろえて，150円が比のいくつにあたるか考えよう

解き方

兄が弟に150円あげる前の比を
[13]倍すると，91：52
150円あげてからの比を
[11]倍すると，88：55
右の図から，やりとりした
150円は，比の，
[91]－[88]＝3

└ 2つの比をそろえることでその差がわかる

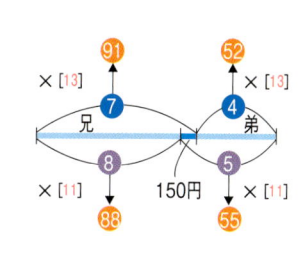

にあたるから，兄が最初に持っていた金額は，

$$150 \times [\frac{91}{3}] = 4550(円) \cdots 答$$

> 兄が持っていた金額を求めるのだから，最後は兄の比で考えよう

文章題編 / ⑥ 年れい算

でる順 1位 割合と比
年れい差がうまる場合

こんな問題がでる!

現在,母親の年れいは37才で,2人の子どもの年れいは11才と8才である。2人の子どもの年れいの和が,母親の年れいと等しくなるのは母親が□才のときである。

でるポイント

母は□年で□才,年をとり,
子ども2人分では□年で,(2×□)才,年をとる
→□年で,母と,子ども2人分の年れいの差は
2×□−□=□(才) うまる!

□年後
母親 37才 → 37+□才
子ども ｛ 11才 → 11+□才
　　　　 8才 → 8+□才

早ワザマジック!
母と子が年をとっていくようすが線分図に変身!

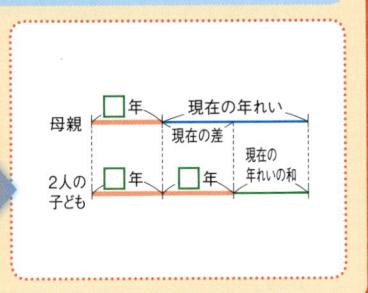

解き方

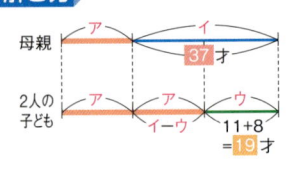

イ = 37 (才)
2人の子どもの年れいの和は,
ウ = 11 + 8 = 19 (才)
ア = イ − ウ = 18 (才)
求める母親の年れいは,
ア + イ = 55 (才)…答

ボーナスポイント

2人と1人では年れいは2：1の割合で増える。2本の線分図に2：1の線分を加える。

文章題編

入試ではこうでる

兄は弟より3才年上で，現在，兄と弟の年れいの和は父の年れいと同じです。10年後，父と弟の年れいの和は，兄の年れいの2倍より19才多くなります。現在の弟の年れいは□才です。

(愛光中)

2本の線分図を，長さが等しくなるようにかいてみよう

解き方

現在の弟の年れいを①とする。
兄の年れいは(①+3)才だから，
現在の父の年れいは(②+3)才
10年後の父と弟の年れいの和は，
(①+10)+(②+3+10)
=(③+[23])才
10年後の兄の年れいは(①+13)才
兄の2倍より19才多い年れいは，
②+13×2+19 = (②+[45])才
これが，10年後の父と弟の年れいの和に等しいから，
[45]-[23]=③-② = 22

└ この差と，もとにした現在の弟の年れいを比べる

よって，現在の弟の年れいは，22(才)…**答**

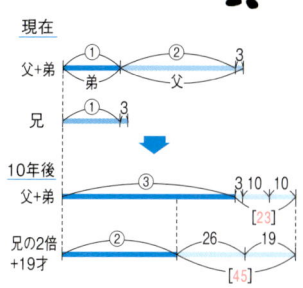

文章題編

① 旅人算

でる順 2位　速さ
池の周りを進む2人

こんな問題がでる！

ある池の周りを，花子さんは分速120mで，太郎君は分速80mで同じ地点から同時に出発する。2人が反対方向に進むと，4分後に出会った。同じ方向に進むとき，花子さんが太郎君をはじめて追いこすのは，出発してから□分後である。

でるポイント

- 反対方向に進むときは，速さの"和"に注目！
- 同じ方向に進むときは，速さの"差"に注目！

早ワザマジック！
出会い・追いこしのようすがダイヤグラムに変身！

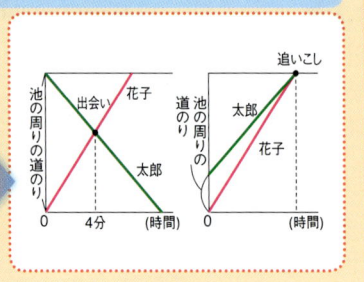

解き方

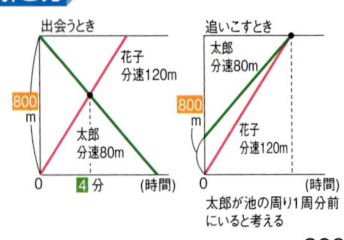

(速さの和)×(時間)
＝(2人が出会うときの道のり)
だから，池の周りの道のりは，
(120＋80)×4＝**800**（m）
(道のり)÷(速さの差)
＝(追いこす時間)だから，
はじめて追いこす時間は，
800÷(120－80)＝20(分後)…答

ボーナスポイント
反対方向は速さの和，同じ方向は速さの差で2人の間の道のりは縮まっていく。

文章題編

入試ではこうでる

半径70mの円形の池があります。A君が毎分90m，B君が毎分70mの速さで池の周りをある地点から逆向きに同時に出発しました。2人が出発してから2回目に出会うのは，□分□秒後です。（ただし，円周率は $\frac{22}{7}$ とする。）

（京都女子中）

2人の動くようすを，ダイヤグラムで表してみよう

解き方

池の周りの道のりは，
[70]×[2]× $\frac{22}{7}$ ＝440(m)

2人がある地点から逆向きに同時に出発し，2回目に出会うとき，2人が進んだ道のりの和は池の周り2周分になるから，[880]mである。

2人は逆向きに進んでいるから，速さの和を考えて，2回目に出会う時間は，
880÷([90]+[70])＝5.5(分後)

2人が逆向きに進んでいるときは，速さの和を考える

5.5分後＝5分[30]秒後 …**答**
である。

答えは，問われている形に直そう

文章題編

① 旅人算

でる順 2位　速さ
後から出発した人が前の人を追いこす

こんな問題がでる！

弟が家から分速50mの速さで学校まで歩いた。弟が出発して6分後に、兄が分速60mの速さで歩いて学校に向かったところ、弟を追いこしてから4分後に兄は学校に着いた。家から学校までの道のりは □ mである。

でるポイント

道のりが同じとき、速さの比と時間の比は逆の関係
→追いつくまでの2人の歩いた道のりは同じ！

兄 分速60m ⑥
弟 分速50m ⑤
⑤
⑥

早ワザマジック！

兄と弟の歩くようすがダイヤグラムに変身！

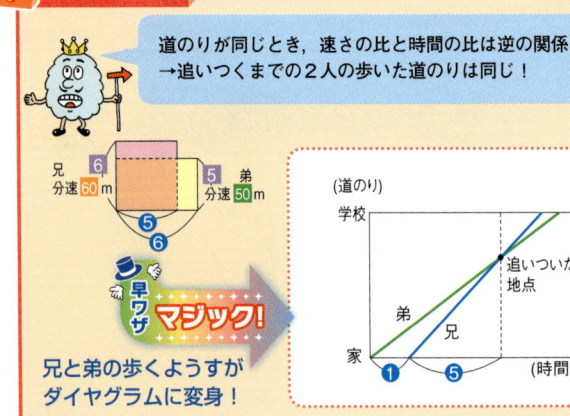

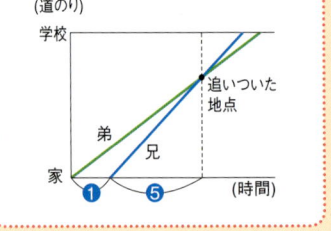

(道のり)
学校
追いついた地点
弟
兄
家
① ⑤ (時間)

解き方

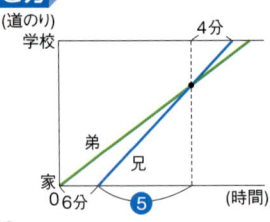

(道のり)
学校
4分
弟
兄
家
0 6分 ⑤ (時間)

兄が家を出てから学校に着くまでにかかった時間は、
$6 \times ⑤ + 4 = 34 (分)$
家から学校までの道のりは、
$60 \times 34 = 2040 (m)$ …答

ボーナスポイント
道のりが同じとき，速さの比と時間の比は逆の関係にある。時間の差からかかった時間を求める。

文章題編

入試ではこうでる

兄弟がA地点から5.6kmはなれたB地点に向かいます。いま，弟は毎分80mで歩き始め，それから10分30秒後に兄が自転車に乗って毎時12kmで出発します。兄が弟に追いつくのは，兄が出発してから [　　] 分後です。

(清風南海中・改)

解き方

速さの比を求めよう
ダイヤグラムを正確にかこう

弟と兄の進む速さの比は，
$80 : (12 \times 1000 \div 60)$
　└ 毎時12kmを毎分，mに直す
$= 80 : 200$
$= 2 : 5$

兄が弟に追いつくまでの2人の道のりは同じだから，追いつくまでに2人がかかった時間の比は，

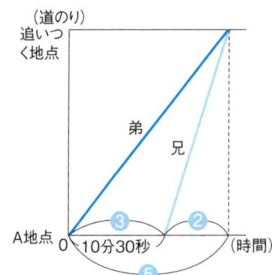

$[\frac{1}{2}] : [\frac{1}{5}] = 5 : 2$

右の図で，❺ − ❷ = ❸ にあたる時間が10分30秒であるから，求める時間は，
$10.5 \div [3] \times [2] = 7$ (分後) … **答**

文章題編 ① 旅人算

でる順 2位 速さ
2人が同じ道を往復する場合

こんな問題がでる！

兄と弟が同時に家を出発し，1500mはなれた図書館との間を休まずに何度も往復する。兄と弟の走る速さはそれぞれ分速250m，分速150mである。2人が2度目に出会うのは，家から□mのところである。

でるポイント

一定の速さで同じ道を何度も往復している
→進行のようすをグラフで表すと，相似な図形が現れる！

早ワザマジック！

2人が往復するようすがダイヤグラムに変身！

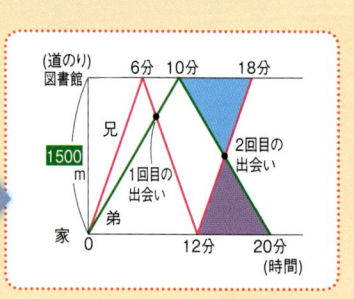

解き方

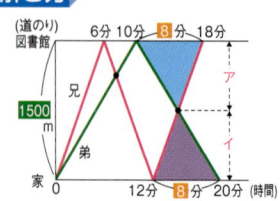

▼と▲は相似だから，
ア：イ＝8（分）：8（分）＝1：1
2度目に出会うのは，家から
$1500 \times \dfrac{1}{1+1} = 750$ (m)のところ。
よって，750(m)…答

> **ボーナスポイント** 問題で与えられた条件をダイヤグラムに表して、このダイヤグラムの中で処理をする。

文章題編

入試ではこうでる

兄と弟が、家と学校の間を何度も往復してジョギングをしています。兄は毎分150m、弟は毎分120mの速さで、ずっと走っています。兄と弟は同時に家を出発し、3分後にすれちがいました。家から学校まで □ mあり、2人が2度目に出会うのは、家から □ mのところです。

(関西大第一中・改)

解き方

2人は3分間に合わせて、
$(150 + 120) \times 3 = 810$(m)
走る。
右の図で、2人が最初に出会った地点はAなので、家から学校までの道のりは、
$810 \div [2] = 405$(m)…**答**

　2人合わせて家から学校までの道のりの2倍走っている

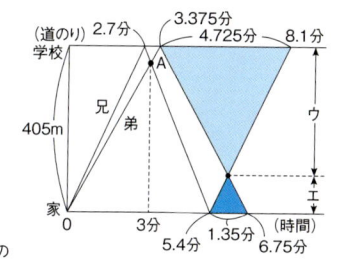

片道を走るのにかかる時間は、兄、弟それぞれ
$405 \div 150 = 2.7$(分)
$405 \div 120 = 3.375$(分)
図でウとエの比は、
4.725(分)$: 1.35$(分)$= 7 : 2$
よって、2人が2度目に出会うのは、家から

$405 \times [\dfrac{2}{7+2}] = 90$(m)のところ。…**答**

文章題編

① 旅人算

でる順 2位 速さ
速さを変えて進む道のり

こんな問題がでる！

PQの道のりは30kmであり，PとQの間にRがある。PR間を時速3km，RQ間を時速5kmで歩き，合計7時間かかった。PR間は□kmである。

でるポイント

長方形の縦と横の長さをそれぞれ，「速さ」，「時間」とすると，面積が「道のり」となる！

- 時速3km（PR間），時速5km（RQ間），合計30km，7時間

早ワザマジック！

道のりを表した線分図が面積図に変身！

- PRの時速 3km，PRの道のり
- RQの時速 5km，RQの道のり
- 2つで30km
- PQの時間 7時間

解き方

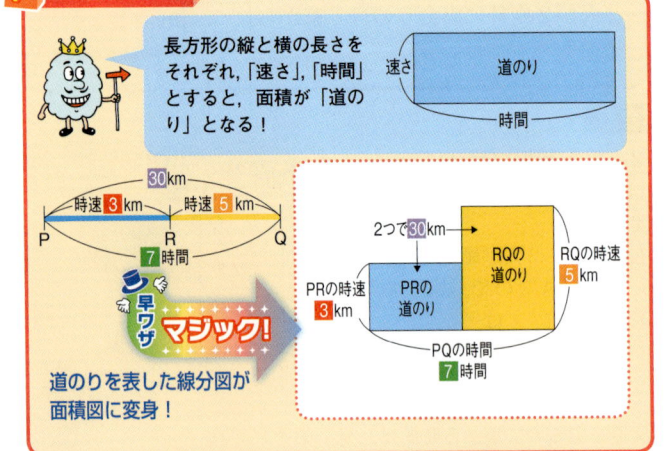

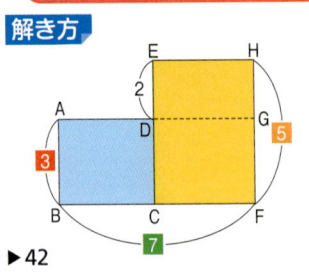

長方形ABFG ＝ 3×7 ＝ 21 (km)
長方形EDGH ＝ 30－21 ＝ 9 (km)
よって，EH ＝ 9÷2 ＝ 4.5 (時間)
BC ＝ 7－4.5 ＝ 2.5 (時間)
よって，PR間の道のりは，
3×2.5 ＝ 7.5 (km) … 答

ボーナスポイント
速さの問題で、と中で速さが変わるときは、面積図で考えよう。

文章題編

入試ではこうでる

自転車で20kmの道のりを行く予定でしたが、と中から歩いたため、2時間かかりました。自転車の速さは時速18km、歩く速さは時速4kmです。自転車に乗っていた時間は□分間です。

(甲南女子中)

> 時速4kmで2時間歩いたとして、面積図で考えよう

解き方

時速4kmで2時間歩いたとすると、進む道のりは、

$4 \times [2] = 8$ (km)
└ 長方形EBFGの面積

長方形AEHDの面積は、
$[20] - [8] = 12$ (km)
└ 全体の道のり

ADの長さは、
$12 \div ([18] - [4]) = \dfrac{6}{7}$ (時間)
└ 自転車で進んだ時間

$\dfrac{6}{7} \times [60] = \dfrac{360}{7} \left(51\dfrac{3}{7}\right)$ (分)…**答**
└ 「時間」を「分」に直す

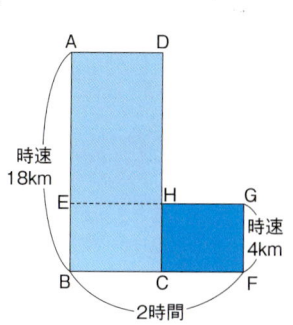

文章題編 — ② 速さと道のりのグラフ

でる順 2位 速さ
2人がすれちがう進行グラフ

こんな問題がでる！

右のグラフは，A君とB君が2000mはなれた2つの地点P，Qから向かい合って進んだときのようすを表したものである。2人がすれちがったのはB君が出発してから□分後である。

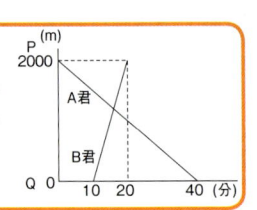

でるポイント

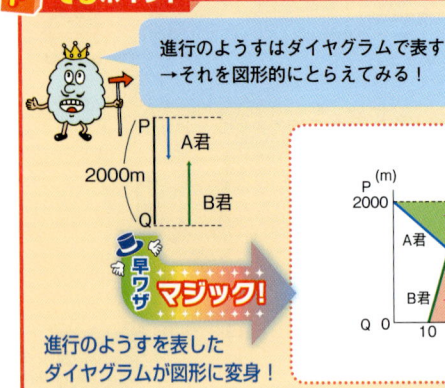

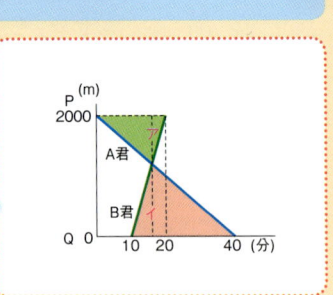

進行のようすはダイヤグラムで表す
→それを図形的にとらえてみる！

早ワザマジック！
進行のようすを表したダイヤグラムが図形に変身！

解き方

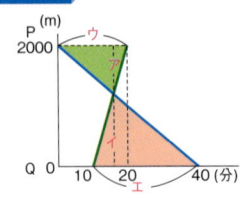

ア：イ＝ウ：エ
　　　＝20：(40−10)＝2：3

2人がすれちがった時間は，B君が出発してから，

$(20-10) \times \dfrac{3}{2+3} = 6$（分後）…答

ボーナスポイント: ダイヤグラムの中で相似な三角形を見つけ，辺の長さの比から出会った時間，きょりを求める。

文章題編

入試ではこうでる

右のグラフは，太郎君が8時に出発してA町からB町へ，次郎君がその10分後にB町からA町へ行くようすを表したものです。太郎君と次郎君はA町から □ mのところで出会います。

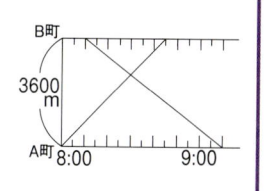

（慶應義塾普通部・改）

> グラフから相似形を見つけよう

解き方

右の図で，
ア：イ＝ウ：エ
　　　＝[35]：[70]
　　　└ 相似を利用して，比を求める
　　　＝1：2

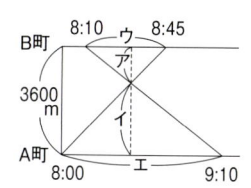

よって，2人が出会った場所は，A町から，

$3600 \times \left[\dfrac{2}{1+2}\right] = 2400$（m）のところ。…**答**

> 相似比はウ：エ＝1：2

45

文章題編　**2 速さと道のりのグラフ**

でる順 2位　速さ
出会いと追いこしの回数を読みとる

こんな問題がでる！

42cmはなれた２地点P，Qの間を，点Aは秒速３cmでPを，点Bは秒速７cmでQを同時に出発して往復している。このとき，２点A，Bが３回目に重なるのは出発してから□秒後である。

でるポイント

往復するときは，出会いと追いこしをくり返す
→そのようすを，ダイヤグラムをかいて読みとる！

早ワザマジック！

出会いと追いこしの回数が
ダイヤグラムのグラフの交点に出現！

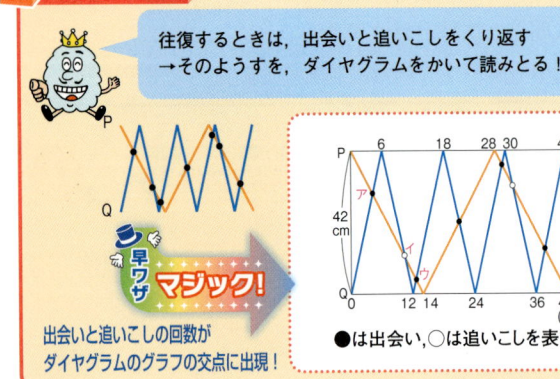

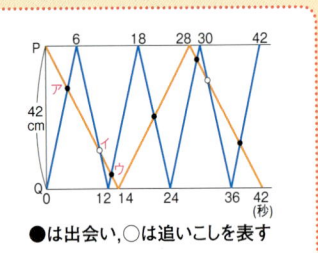

●は出会い，○は追いこしを表す

解き方

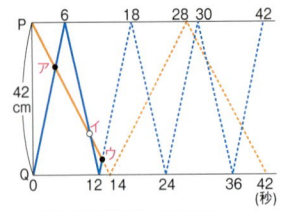

３回目に重なる場所はウである。
ウは２回目の出会いの位置で，そこまでの２点A，Bの道のりの和は，P，Qの間の道のりの３つ分にあたるから，ウの位置にくる時間は，
42×3÷(3＋7)＝12.6(秒後)
…答

重なりの位置が"出会い"であるとき，
２点が動いた道のりの和は，P,Q間の道のりのちょうど整数倍になっている

▶46

ボーナスポイント

2点間を2つの点が往復する場合、ダイヤグラムの交点が出会い、または追いこしを表す。

文章題編

入試ではこうでる

84cmはなれた2点A，B間を，くり返し往復する2点P，Qがあります。いま，点Pは毎秒14cmの速さ，点Qは毎秒6cmの速さで，点Aから同時に出発しました。出発してから2点P，Qが2回目に重なるのは □ 秒後です。

(ラ・サール中)

解き方

ダイヤグラムで，2回目の重なりのようすを調べよう

2点が2回目に重なるのは，図のイのところで，そこまでの2点P，Qの道のりの和は，A，B間の道のりの[4]倍にあたるから，

└ 図で，P，Qそれぞれの道のりをたどってみると確認できる

イの位置にくる時間は，
$84 \times [4] \div (14 + 6)$
$= 16.8$(秒後)…**答**

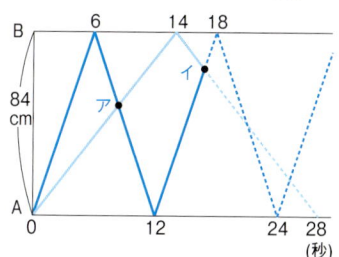

1回目の出会いの時間ではないことに注意しよう

文章題編 ③ 時計算

でる順 2位 速さ
長針が短針に追いつく時刻

こんな問題がでる！

4時と5時の間で，時計の長針と短針が重なる時刻は4時□分である。

でるポイント

長針は1分間に6度，短針は1分間に0.5度動く
→2つの針の動きの差に注目！

短針が120°先に進んでいる

早ワザマジック！
長針と短針の動きがダイヤグラムに変身！

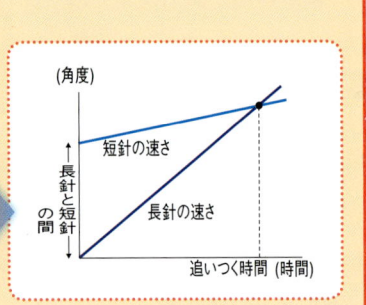

解き方

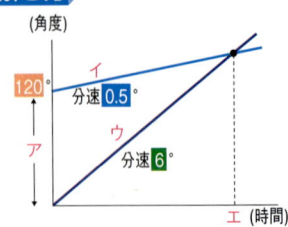

ア：120 度
イ：分速 0.5 度，ウ：分速 6 度
エ：120 ÷ (6 − 0.5)
  $= \dfrac{240}{11} \left(21\dfrac{9}{11}\right)$ (分)…答

ボーナスポイント: 分速6度の長針と分速0.5度の短針が同じ方向に進む旅人算として考える。

文章題編

入試ではこうでる

時計の針が7時48分をさしているとき，長針と短針の間の小さい方の角の大きさは □ 度です。

(帝京大学中)

> 時計の針が7時の状態を考えてみよう

解き方

時計の針が7時をさしているとき，短針は長針より210度先に進んでいるとみることができる。

7時48分までの48分間に進む角度は，長針，短針それぞれ

[6]×48=288(度)
└─ 7時を0度としたときの，長針の位置

0.5×48=24(度)

また，時計の針が7時48分をさしているとき，短針の進む位置は，

210+[24]=234(度)
└─ 0時を0度としたときの，短針の位置

よって，長針と短針の間の小さい方の角の大きさは，

[288]-[234]=54(度)…**答**

> 答えは180度より小さいことを確認しておこう

文章題編 ④ 通過算

でる順2位 速さ
2つの列車が向かい合って進む

こんな問題がでる！

長さ160m，分速1100mのふ通列車と，長さ200mの急行列車が向かい合って進んでいるとき，出会ってからはなれるまでに8秒かかった。急行列車の速さは分速□mである。

でるポイント

2つの列車が反対方向に進んでいるとき
→2つの列車の"速さの和"を考える！

出会ってから　ふ通 160m　急行 200m
はなれるまで　急行 200m　ふ通 160m

早ワザマジック！
2つの列車が出会う状態が出会いがわかるダイヤグラムに！

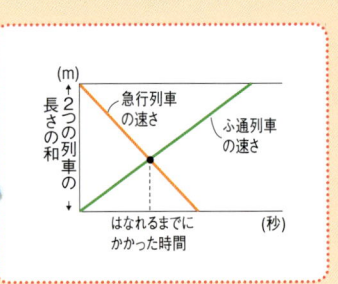

解き方

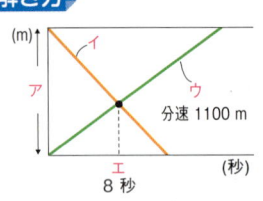

アは，160＋200＝360(m)
ウの速さは，分速1100m
エは，8秒
イとウの速さの和は，分速
360÷8×60＝2700(m)
よってイの速さは，分速
2700－1100＝1600(m)…答

> **ボーナスポイント**　向かい合って進むとき，（長さの和）÷（速さの和）
> ＝（出会ってからはなれるまでの時間）

文章題編

入試ではこうでる

長さ100m，秒速18mの列車Aと，長さ80m，秒速12mの列車Bがあります。
2つの列車が向かい合って進んでいるとき，出会ってからはなれるまで，□秒かかります。

(帝京八王子中)

> 2つの列車の動きをダイヤグラムで表してみよう

解き方

2つの列車が出会ってからはなれるまでの道のりは，
[100]＋[80]＝180(m)
└ 2つの列車の長さの合計

2つの列車の秒速の和は，
[18]＋[12]＝30(m)
└ 向かい合って進んでいるので，速さの和を考える

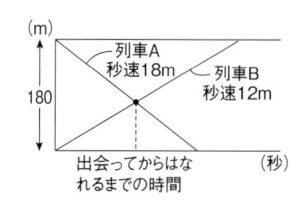

列車AとBが出会ってからはなれるまでの時間は，
180÷[30]＝6(秒)…**答**

> 2つのものが向かい合って進むときは，速さも道のりも和を考えよう

文章題編 ④ 通過算

でる順 2位 速さ
2つの列車が同じ方向に進む

こんな問題がでる!

時速90kmで長さ125mのA列車と、秒速18mで長さ134mのB列車が並行して走っている。AがBに追いついてから完全に追いこすまで、□秒かかる。

でるポイント

2つの列車が同じ方向に進んでいるとき
→2つの列車の"速さの差"を考える!

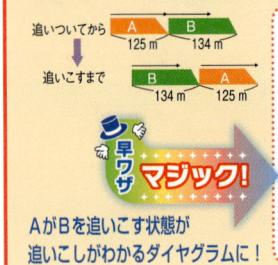

追いついてから　A　B
　　　　　　　125m　134m

追いこすまで　　B　　A
　　　　　　　134m　125m

早ワザマジック!

AがBを追いこす状態が追いこしがわかるダイヤグラムに!

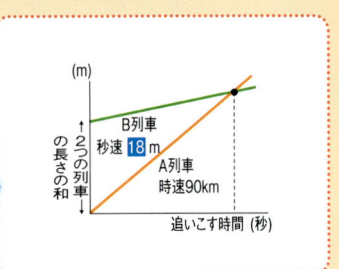

解き方

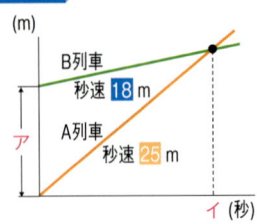

Aの速さを秒速, mに直すと,
$90 \times 1000 \div 60 \div 60 = 25$ (m)
アは, $125 + 134 = 259$ (m)
よって, イは,
$259 \div (25 - 18) = 37$ (秒) … 答

> **ボーナスポイント** 同じ方向に進んでいるとき，（長さの和）÷（速さの差）＝（追いついてから追いこすまでの時間）

文章題編

入試ではこうでる

長さ120m，秒速19mの急行列車が秒速13mで走るふ通列車を42秒で追いこしました。ふ通列車の長さは□mです。

(大阪桐蔭中)

2つの列車の動きをダイヤグラムで表してみよう

解き方

2つの列車の秒速の差は，
[19]−[13]＝6(m)
└ 同じ方向に進んでいるので，速さの差を考える

急行列車がふ通列車に追いついてから追いこすまでの時間は42秒だから，その道のりは，
[6]×42＝252(m)
└ この道のりだけ進まないと完全には追いこせない

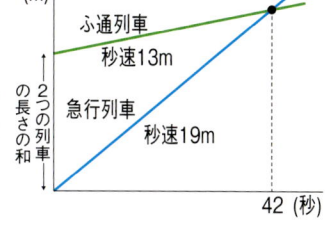

道のりは，2つの列車の長さの和だから，ふ通列車の長さは，
[252]−[120]＝132(m)…**答**

「追いこす」とは，速い列車の最後部がおそい列車の最前部にくること

文章題編 ① 約束に従って考える問題

でる順 3位 規則性
2進法で表されるきまり

こんな問題がでる！

右の図のような規則で数を表すことにする。
●○●○●
が表す数は □ である。

```
1 → ●○○○○
2 → ○●○○○
3 → ●●○○○
4 → ○○●○○
5 → ●○●○○
8 → ○○○●○
10 → ○●○●○
```

でるポイント

●と○の規則を見ぬく
→●が2，4，8で右に移動しているところに注目！

1 → ●○○○○   3 → ●●○○○
2 → ○●○○○   4 → ○○●○○

早ワザ マジック！

●の動きが2進法の位取りに変身！

	10進法	2進法
	(0〜9)の次が新しい位	(0〜1)の次が新しい位
	…	0 ←0
	8	1 ←1
	9	1 0 ←2
	1 0	1 1 ←3
	…	1 0 0 ←4
	9	1 0 1 ←5
	0 0 1	1 1 0 ←6

解き方

○を0，●を1と考える

1の位	2の位	4の位	8の位	16の位
●	○	●	○	●

$1×1+2×0+4×1+8×0+16×1=21$

2進法で表された数字の，各位の○が0，●が1である。
●○●○●が表す数 □ は
$1×1+2×0+4×1+8×0+16×1=21$ … **答**

▶54

ボーナスポイント: 0か1で表す→2進法　2進法の各位は、1の位、2の位、4の位、8の位、16の位、……

文章題編

入試ではこうでる

4個の電球が横に並んでいます。一番左の電球は手をたたくたびについたり消えたりします。それ以外の電球はすぐ左の電球が消えるたびに、ついたり消えたりします。最初にすべての電球は消えています。手をたたいていくと図のようになります。8回手をたたいたときの電球のつき方を、図にならってかきなさい。

手をたたく回数	電球のつき方
	○○○○
1回	●○○○
2回	○●○○
3回	●●○○
4回	○○●○
5回	●○●○
6回	●●●○
	○○○○
	○○○○

(桜美林中)

つくか・消えるかだから、2進法と同じ考えだ

解き方

図から、電球がついていることを1、消えていることを0と表せば、

1回手をたたいたときは　1
2回手をたたいたときは　01
3回では、[11]
　　　3=1×1+2×1と考えればよい
4回では、[001]
8=1×0+2×0+4×0+8×1
で表すことができるから、0001
電球のつき方で表すと、○○○● … **答**

1回　●○○○
　　　↓↓↓↓
　　　1

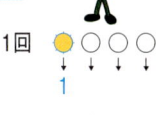

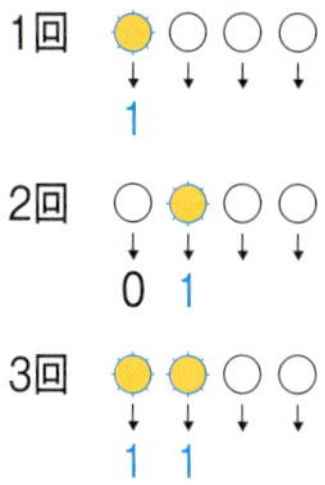

2回　○●○○
　　　↓↓↓↓
　　　0　1

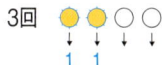

3回　●●○○
　　　↓↓↓↓
　　　1　1

文章題編 — ① 約束に従って考える問題

でる順 3位 規則性
ある数で割った余りで考える数列

こんな問題がでる！

0から200までの整数を次のように3つの組A，B，Cに分ける。
A（0，3，6，9，12，……）
B（1，4，7，10，13，……）
C（2，5，8，11，14，……）
このとき，145は□の組の最初から□番目になる。

でるポイント

まずは，組の規則を考えてみる
→3で割った余りが同じである数が，組をつくっている！

例えばA組の規則は

0 3 6 9 12 15
→3の倍数

早ワザマジック！

整数の組の規則が
ある数で割った余りに変身！

A　0→3→6→9→12→15（3ずつ増える）
1増える↓
B　1→4→7→10→13→16（3ずつ増える）
1増える↓
C　2→5→8→11→14→17（3ずつ増える）

Aは3の倍数
→Bは3の倍数より1大きい
→Cは3の倍数より2大きい

解き方

					3で割ると
A	0	3	6	9	…余り0
B	1	4	7	10	…余り1
C	2	5	8	11	…余り2

145÷3=48 余り1

3で割った余りを考えると，
A組は0，B組は1，C組は2
145÷3＝48余り1
なので，145はBの組…答
商の48は前から数えて49番目…答

▶56

ボーナスポイント

余りに注目すると、ある規則が発見できる。そこからどんな並びになっているか考える。

文章題編

入試ではこうでる

1辺の長さ(単位はcm)が偶数である正方形のうちで、その面積(単位はcm²)を3で割ると1余るものについて考えます。面積が小さいものから並べたとき、100番目の正方形の1辺の長さは□cmです。 (四天王寺中)

まず、面積を小さい順に並べてみよう

解き方

面積を3で割った余りを面積の小さい順に並べていくと、右の表のように1組3つずつのかたまりができ、3で割ると1余る面積の100番目は、

100 ÷ [2] = 50(組目)

↳ まず、かたまりの数を求めておく

1組目	1番目	2×2= 4×(1×1)	余り1
	2番目	4×4= 4×(2×2)	余り1
	3番目	6×6= 4×(3×3)	余り0
2組目	4番目	8×8= 4×(4×4)	余り1
	5番目	10×10= 4×(5×5)	余り1
	6番目	12×12= 4×(6×6)	余り0
⋮	7番目	14×14= 4×(7×7)	余り1

の2つ目になるから、全体では
3 ×(50 − [1])+ 2 = 149(番目)
面積は 4 ×(149×149)で表され、
1辺の長さは、
2 ×[149] = 298(cm)… **答**

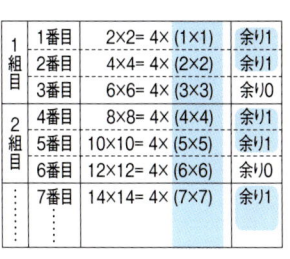

3×50+2=152としないように注意

文章題編　２ 周期算

でる順 3位　規則性
ご石を並べたときの個数

こんな問題がでる！

下の図のように，ご石を規則正しく並べた。黒いご石の90個目は，白黒あわせて数えると，はじめから□個目になる。

●○●●●○●●●○
○●●●○●●●○…

でるポイント

「規則正しく」並べてあると書いてある
→ご石の並びを区切って規則性を発見する！

●○●●●○●● ???
???

早ワザマジック！

ご石の並びに規則性を発見！

●○●●●○●●●○　●○●●
●○●●●○●●●○　●○●●●○●●

解き方

●○●●●○●●●○
1つのかたまりに，黒石が **6** 個，白石が **3** 個ある
●○●●……

前から順に，黒石 **6** 個，白石 **3** 個のかたまりで区切ると同じ規則でご石が並ぶ。
$90 \div 6 = 15$（組）だから，
90個目の黒石は15組目の最後の黒石。
最後の黒石はかたまりの後ろから2番目になるから，
$9 \times 15 - 1 = 134$（個目）…**答**

ボーナスポイント: どんな並び方か，まずは規則性を発見しよう。同じ並びがくり返されているはず。

文章題編

入試ではこうでる

図のように，白のご石を並べて正方形をつくっていきます。ただし，正方形の１辺には４個のご石を並べます。100個のご石を全部使うと，正方形を □ 個つくることができます。

```
○○○○○○○○○○○○○…
○       ○     ○
○       ○     ○
○○○○○○○○○○○○○…
```

(東京女学館中・改)

> 区切りをつくって，規則性を発見しよう

解き方

右の図のように，左の１つ目の正方形のご石の個数を12個とすると，２つ目から８個ずつ増えているので，２つ目からの正方形の数は，
$(100 - 12) \div 8 = 11$(個)
よって，[1] + 11 = 12(個)… **答**
　└ 最初の正方形

```
○○○○|○○○|○○○|○…
○   ○|  ○|  ○
○   ○|  ○|  ○
○○○○|○○○|○○○|○…
ご石は
12個   8個   8個   …
```

文章題編 ― **① 差集め算**

でる順 4 位 和と差に関する問題
値段の異なるものの個数を逆にした場合

こんな問題がでる!

太郎君は50円のガムと80円のグミを何個かずつ買って1270円払うつもりだったが,店の人がガムとグミの個数を逆にとりちがえたので代金は1330円になった。太郎君は50円のガムを□個,80円のグミを□個買うつもりだった。

でるポイント

個数を逆に考えたために値段に差が出た
→1個あたりの値段の差と全体の値段の差を考える!

30円の差

予定の個数: 50円のガム 80円のグミ 1270円
とりちがえた個数: 50円のガム 80円のグミ 1330円

マジック! 1個ごとの金額の差が線分図に変身!

解き方

アの個数は,
(1330 − 1270) ÷ (80 − 50) = 2(個)
イの個数は,
(1270 − 50 × 2) ÷ (50 + 80) = 9(個)
50円のガムは,イ+ア=11(個)…答
80円のグミは,イ=9(個)…答

ボーナスポイント: カードを1枚逆にしたことによる全体の長さの差から、2種類のカードの枚数の差を出す。

文章題編

入試ではこうでる

1辺の長さが14cmの正方形のカードと、1辺の長さが17cmの正方形のカードがそれぞれ何枚かずつあります。これらのカードをすべて横にすきまなく並べると、横の長さは4.47mになりました。もし14cmのカードと17cmのカードの枚数を逆にして、同じくすべて横にすきまなく並べたとすると横の長さは4.83mになります。14cmと17cmのカードはそれぞれ □ 枚と、□ 枚あります。

(京都女子中・改)

> 横の長さが長くなったのだから、17cmのカードが増えたことがわかるね

解き方

枚数を逆にしたときの長さの差が、$483 - 447 = 36$(cm)だから、14cmと17cmのカードの枚数の差は、

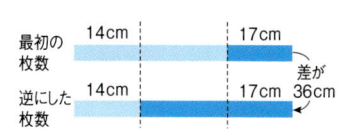

$$36 \div ([17] - [14]) = 12(枚)$$

└─ この差を除くと2つのカードの枚数は同じ

より、17cmのカードの枚数は、

$(447 - 14 \times 12) \div ([14] + [17]) = 9$(枚)…**答**

14cmのカードの枚数は、

$[12] + [9] = 21$(枚)…**答**

文章題編

2 過不足算

でる順 4位 和と差に関する問題
長いすに座る人数から全体の人数を考える

こんな問題がでる！

生徒が長いすに3人ずつ座ると，21人が座れない。4人ずつ座ると5きゃくの長いすが余った。生徒の人数は□人である。

でるポイント

生徒の人数は一定
→3人ずつの場合と4人ずつの場合のいすの過不足を数える！

生徒の数の過不足が面積図に変身！

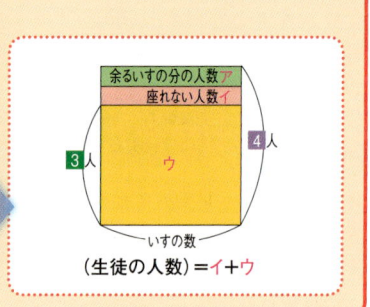

（生徒の人数）＝イ＋ウ

解き方

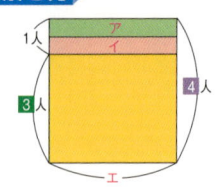

座れない人数イ＝21（人）
余るいすの分の人数ア＝4×5＝20（人）
エ＝(20＋21)÷(4－3)＝41（きゃく）
生徒の人数は，
3×41＋21＝144（人）…答
（または，4×41－20＝144）

ボーナスポイント:「いすが余る」=「生徒が足りない」ととらえ,整理して単純な過不足算にする。

文章題編

入試ではこうでる

何本かのえんぴつを配るのに,はじめの12人には12本ずつ,残りの人には11本ずつ配ると2本余りました。また,全員に13本ずつ配ると,26本不足しました。次の問いに答えなさい。

(1) 全員の人数は □ 人です。
(2) えんぴつは □ 本ありました。

(関西大学第一中)

> 余りの状態と不足の状態を整理することから始めよう

解き方

(1) 12人に12本ずつ,残りの人に11本ずつ配ると2本余るから,全員に11本ずつ配ると,余りは,
$(12-11) \times [12] + [2] = 14$(本)

└ 配る本数をそろえて余る状態を整理した

また,全員に13本ずつ配ると26本不足するから,全員の人数は,
$(14+26) \div (13-[11]) = 20$(人)…**答**

(2) えんぴつの本数は,
$11 \times [20] + [14]$
$= 234$(本)…**答**

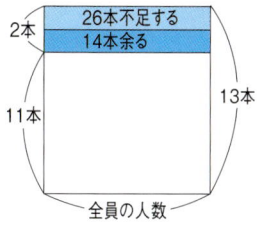

> $13 \times 20 - 26 = 234$と求めることもできるよ

文章題編 ③ 平均とのべ

でる順 4位 和と差に関する問題
平均点の差から人数を求める

こんな問題がでる！

36人のクラスで算数のテストをした。男子の平均点は女子の平均点よりも9点高く，クラスの平均点よりも4点高くなった。男子の人数は□人，女子の人数は□人である。

でるポイント

点数の高い順に注目すると，男子，クラス全体，女子の順になっている →平均点の差に注目！

女子の平均点 — クラスの平均点 — 男子の平均点
　　　　　5点　　　　　4点

早ワザマジック！

平均点の差と人数の比が天びん図に変身！

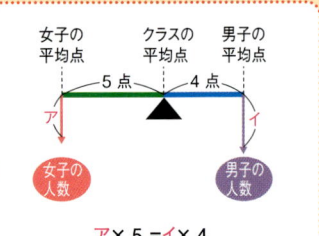

女子の平均点 — クラスの平均点 — 男子の平均点
　　　5点　　　　4点
ア（女子の人数）　　　イ（男子の人数）

$$ア \times 5 = イ \times 4$$

解き方

ア＋イ＝36（人）

クラスの平均点は，女子より
9－4＝5（点）高いから，

ア×5＝イ×4

よって，ア：イ＝4：5

$$ア = 36 \times \frac{4}{4+5} = 16（人），イ = 36 \times \frac{5}{4+5} = 20（人）$$

よって，男子20（人），女子16（人）…**答**

ボーナスポイント: 男女の人数の比は,男女の平均点とクラスの平均点との差の比の逆比になる。

文章題編

入試ではこうでる

40人のクラスで算数のテストを行ったところ,男子の平均点は58点,女子の平均点は62点,クラスの平均点は60.2点でした。このとき女子の人数は □ 人です。

(洗足学園中)

天びん図をかいて,「つりあい=平均」を考えてみよう

解き方

平均点の差は,女子とクラス,クラスと男子でそれぞれ

[62] − 60.2 = 1.8 (点)
60.2 − [58] = 2.2 (点)

平均点の差の比が,人数の比を考えるもとになる

男子の平均点 58点 / クラスの平均点 60.2点 / 女子の平均点 62点
[2.2]点 [1.8]点
男子の人数 / 女子の人数

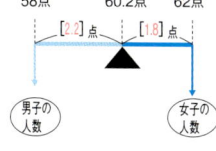

よって,
(女子の人数) × [1.8] = (男子の人数) × [2.2]

(女子の人数) : (男子の人数) = [2.2] : [1.8]
= 11 : 9

クラスは40人だから,女子の人数は,

$$40 \times \frac{[11]}{11+9} = 22 (人) \cdots 答$$

ここでは男女比を逆にしないように注意しよう

文章題編 — ③ 平均とのべ

でる順 4位 和と差に関する問題
いくつかの組み合わせの平均

こんな問題がでる！

花子さんが算数，国語，社会，理科のテストを受けたところ，4教科の平均点は78.75点，国語と社会の平均点は78点で，算数と国語と理科の平均点は81点だった。また，算数は理科よりも21点高かった。花子さんの国語，社会，理科の得点はそれぞれ，□点，□点，□点である。

でるポイント

いくつかの平均点の情報がある
→平均点から合計点を出して，和や差に注目する！

算数	国語	社会	理科	平均	合計
○	○	○	○	78.75	ア
	○	○		78	イ
○	○		○	81	ウ

国語 社会 →78
算数 国語 理科 →81

早ワザマジック！
平均点についてわかることを表にして整理！

それぞれの平均点に対する合計点ア，イ，ウを求める

解き方

算数	国語	社会	理科	平均	合計
○	○	○	○	78.75	ア 315
	○	○		78	イ 156
○	○		○	81	ウ 243
○					エ

社会＝ア－ウ＝72（点）
国語＝イ－社会＝84（点）
エ＝ア－イ＝159（点)
エから21点を引けば，
理科の2倍になるから，
理科＝(159－21)÷2＝69（点）

よって順に，84（点），72（点），69（点）… **答**

ボーナスポイント

わかっているものの平均から合計を求め、和や差を考え、それぞれの値を求める。

文章題編

入試ではこうでる

4人の小学生A君、B君、C君、D君の身長の平均は152.5cmです。また、A君、B君の身長の平均は147.5cmです。さらにB君、C君、D君の身長の平均は154.6cmです。このとき、B君の身長は □ cmです。

（慶應義塾中等部）

> 平均の情報を表にして、整理してみよう

解き方

A君、B君、C君、D君4人の身長の合計は、
$152.5 \times 4 = 610$ (cm)

B君、C君、D君3人の身長の合計は、
$154.6 \times 3 = 463.8$ (cm)

だから、A君の身長は、
$610 - [463.8] = 146.2$ (cm)

A	B	C	D	平均	合計
○	○	○	○	152.5	610
○	○			147.5	295
	○	○	○	154.6	463.8

└ A君、B君の平均がわかっているから、A君がわかればB君もわかる

A君、B君2人の身長の合計は、
$[147.5] \times 2 = 295$ (cm)

だから、B君の身長は、
$295 - [146.2] = 148.8$ (cm) … **答**

> A君から求めていることに注意しよう

文章題編

でる順 4位 ④ つるかめ算
和と差に関する問題
一方の値段をもう一方にそろえる

こんな問題がでる！

1個80円のみかんと1個120円のりんごをあわせて12個買い、180円のかごに入れてもらったら、代金は1340円だった。りんごを□個買った。

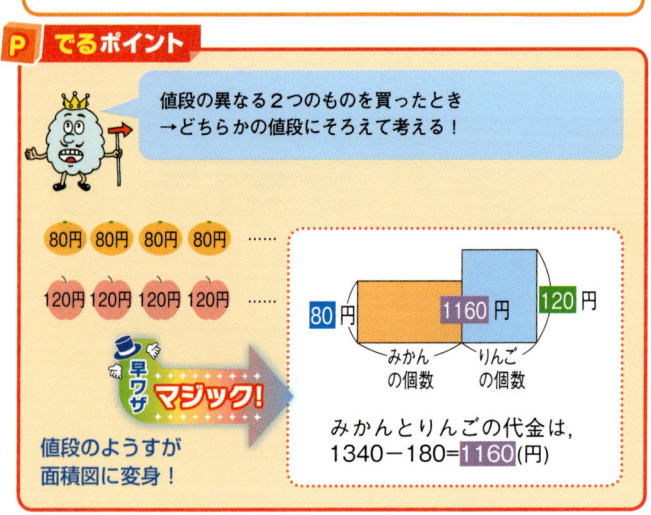

でるポイント

値段の異なる2つのものを買ったとき
→どちらかの値段にそろえて考える！

値段のようすが面積図に変身！

みかんとりんごの代金は、
1340−180=1160(円)

解き方

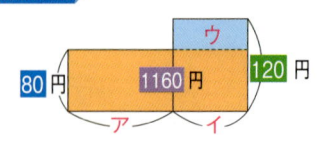

ア＋イ＝12
12個ともみかんだとすると、
ウ＝ 1160 − 80 ×12＝200
イ＝200÷(120 − 80)＝5
よって、5(個)…答

ボーナスポイント
合計がわかっている2つのものはつるかめ算→面積図を利用

文章題編

入試ではこうでる

算数のテストがありました。問題は2題あり，問1は10点，問2は15点の配点でした。55人がテストを受けた結果，点数の合計は810点で，満点の人は9人，0点の人はいませんでした。問1の正解者は □ 人です。

(神戸女学院中学部)

満点の人は除いて考えてみよう

解き方

合計点から満点の人の分の点数を引くと，
810 − [25] × [9] = 585(点)
満点以外の55 − 9 = 46(人)が全員，問2だけ正解したと考える。
右の図のアの部分は，
15 × [46] − [585] = 105(点)
よって，問1だけの正解者数は，
105 ÷ ([15] − [10]) = 21(人)

└ 問1だけの正解者数で，これが答えではない

よって，問1の正解者は，
21 + [9] = 30(人)… **答**

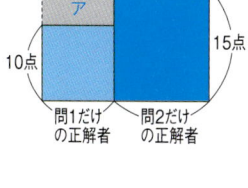

最後に満点の人の人数を足すのを忘れないように注意しよう

文章題編 ④ つるかめ算

でる順4位 和と差に関する問題
点がもらえたり引かれたりする場合

こんな問題がでる！

計算問題のテストがある。1題正解ならば5点もらえ，不正解ならば2点引く。100題解いたところ，得点が346点だった。不正解は□題である。

でるポイント

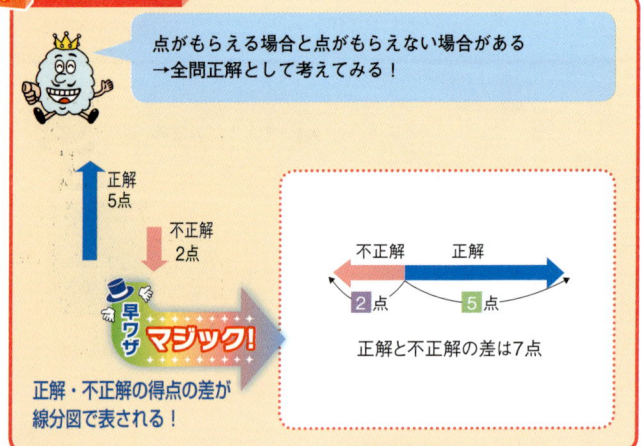

点がもらえる場合と点がもらえない場合がある
→全問正解として考えてみる！

正解 5点
不正解 2点

早ワザ マジック！

正解・不正解の得点の差が線分図で表される！

不正解 2点 ／ 正解 5点

正解と不正解の差は7点

解き方

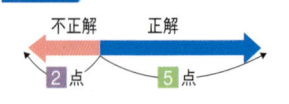

不正解 2点 ／ 正解 5点

全問正解から考えると
1問まちがえると7点引かれることになる

全問正解とすると，
$100 × 5 = 500$（点）もらえる。
不正解の問題数は，
$(500 − 346) ÷ (5 + 2) = 22$
不正解は22（題）…答

ボーナスポイント: 全問正解として，満点から1問不正解につき，「もらった点数」＋「不正解の点数」が引かれる。

文章題編

入試ではこうでる

コインを投げて表が出たら30点もらい，裏が出たら20点引かれるというゲームで，15回コインを投げて150点になりました。このとき，コインの表は □ 回出ました。

(聖光学院中)

全部裏になると考えてみよう

解き方

全部裏が出たとすると，引かれる点数は，

$20 \times 15 = 300$（点）

全部[裏]が出たとした場合，1回表が出るごとに，

└ 求めたい方とは逆のものにそろえてみるとよい

$20 + [30] = 50$（点）

└ 表が出た場合の点数と裏が出た場合の点数の差

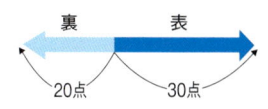

裏　表
20点　30点

もらえることになるから，表が出た回数は，

$(300 + [150]) \div 50 = 9$（回）…**答**

全体の差と1回あたりの差を出していることを確認しよう

文章題編 ⑤ 集合

でる順 4位 和と差に関する問題
図を利用して数の集まりを考える

こんな問題がでる！

1から100までの整数について，3でも5でも割り切れない数は全部で□個ある。

でるポイント

3でも5でも割り切れない数
→3の倍数と5の倍数，3と5の公倍数を考えてみる！

3の倍数　3, 6, 9, 12, 15, ……

5の倍数　5, 10, 15, 20, ……

早ワザマジック！

2つの数の倍数の関係が図に変身！

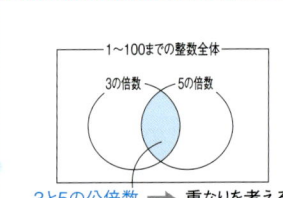

3と5の公倍数 ➡ 重なりを考える

解き方

ア：3の倍数は，100÷3＝33余り1
　　→33個

イ：5の倍数は，100÷5＝20
　　→20個

ウ：3と5の最小公倍数は15で，15の倍数は，100÷15＝6余り10　→6個

よって，3でも5でも割り切れない数の個数は，
100－（ア＋イ－ウ）＝100－（33＋20－6）＝53（個）…**答**

ボーナスポイント: ベン図や表，線分図などをかいて，それぞれのグループに入る個数を調べる。

`文章題編`

入試ではこうでる

生徒数が45人のあるクラスで，水泳のできる人とスキーのできる人をたずねたところ，水泳のできる人は28人，スキーのできる人は33人でした。水泳とスキーの両方できる人は最も少なくて ☐ 人です。

(巣鴨中)

両方できる人を，図で表してみよう

解き方

クラスの人数と，水泳，スキーのできる人数がそれぞれ決まっているので，重なる部分のウが小さくなれば，アとイが大きくなり，エが小さくなる。よって，エが[0]人のとき，ウを最も少なくできる。

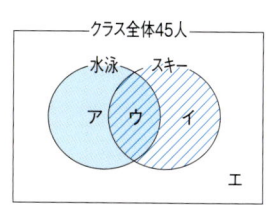

クラス全体45人
水泳 スキー
ア ウ イ
エ
◯→28人 ⦸→33人

水泳の ◯ とスキーの ⦸ の重なる部分ウは，

$28 + [33] - [45] = 16$(人) … **答**

図に人数をかきこんでみよう。どんな場合でも全体は45人だ

文章題編　**① 約数・倍数**

でる順 5位 数の性質
2つの数の最大公約数と最小公倍数

こんな問題がでる！

80とある数の最大公約数は8で，最小公倍数が240となるようなある数は□である。

でるポイント

最大公約数が8だから，どちらも8で割れる
→2つの数を8で割り，その商から最小公倍数を考える！

$80 = 8 \times 10$
ある数 $= 8 \times △$

```
8 ) 80  ある数
    10   △
```

ここをかけあわせたものが**最小公倍数**になる

最大公約数が8だから，10と△はこれ以上同じ数では割れない

早ワザマジック！
2つの数の関係が割り算に変身！

解き方

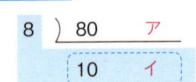

```
8 ) 80  ア
    10  イ
```

$8 \times 10 \times イ = 240$

80とアをそれぞれ8で割って，商が10とイになったとすると，最小公倍数は $8 \times 10 \times イ$ で，これが **240** だから，
イ $=$ **240** $\div 8 \div 10 = 3$
ある数は，
$8 \times 3 = 24 \cdots$ **答**

ボーナスポイント　最大公約数と，最大公約数で2つの数を割った商の積は，最小公倍数です。

文章題編

入試ではこうでる

2つの整数X，Yがあります。Xが52で，XとYの最大公約数と最小公倍数はそれぞれ13と364です。Yの数は□です。

(清風中)

最大公約数，最小公倍数のようすを割り算で表してみよう

解き方

右の図より，最小公倍数は，

$13 \times [4] \times [\dfrac{Y}{13}]$

$= 4 \times Y$

になるので，

$4 \times Y = [364]$

これより，Y = 91 … **答**

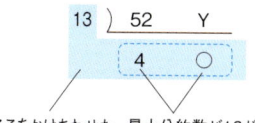

```
13 ) 52    Y
     ―――――――――
      4    ○
```

ここをかけあわせたものが最小公倍数になる

最大公約数が13だから，4と○はこれ以上同じ数では割れない

$\dfrac{Y}{13} =$ Aとして，$13 \times 4 \times A = 364$より，A = 7としてもよい

文章題編 ① 約数・倍数

でる順 5位 数の性質
公倍数と余りの関係

こんな問題がでる！

6で割ると1余り，8で割ると3余る数のうちで小さい方から3番目の数は □ である。

でるポイント

(割る数)－(余り)が等しいとき，いちばん小さい数は，
(最小公倍数)－{(割る数)－(余り)}！

- 6で割ると1余る数
  1, 7, 13, ⑲, ……
- 8で割ると3余る数
  3, 11, ⑲, 27, ……

早ワザ **マジック！**

かき出すと大変なので
割る数と余りの差に注目！

- (6で割ると1余る数)＋5
  →(6で割ると6余る数)
  →(6の倍数)
- (8で割ると3余る数)＋5
  →(8で割ると8余る数)
  →(8の倍数)

5を加えると6と8の倍数になる数，
すなわち，(6と8の公倍数)－5を
求める

解き方

6－1＝5，8－3＝5より，求める数に5を加えて考える。
(6で割ると1余る数)＋5→(6で割ると6余る数)
　→(6の倍数)
(8で割ると3余る数)＋5→(8で割ると8余る数)
　→(8の倍数)
6と8の公倍数を求めると，最小公倍数が24
小さい方から3番目の数は，24×3＝72
よって，求める数は，72－5＝67…**答**

ボーナスポイント　余りがそろっていないときは，割る数と余りの差を調べよう。

文章題編

入試ではこうでる

4で割ると2余り，5で割ると3余る2けたの整数のうち，最も大きい数を求めなさい。
(麻布中)

> 割る数と余りの差を調べよう

解き方

$4 - 2 = 2$，$5 - 3 = 2$ より，求める数に2を加えると，4と[5]の公倍数になるので，

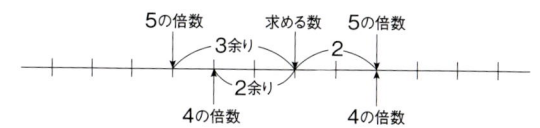

（4と5の公倍数）－[2] が求める数となり，

$20 - 2 = 18$
$[40] - 2 = 38$
$[60] - 2 = 58$
$[80] - 2 = 78$
$[100] - 2 = 98$

これらより，求める数は，98…**答**

文章題編 ① 約数・倍数

でる順 5位 数の性質
最大公約数・最小公倍数を求める

こんな問題がでる！

$\frac{7}{10}$にかけても$\frac{14}{15}$にかけても，答えが0でない整数になるとき，最も小さい分数は□である。

でるポイント

$\frac{7}{10} \times \frac{A}{B}$，$\frac{14}{15} \times \frac{A}{B}$ → Aが10と15の公倍数，Bが7と14の公約数のとき，答えは整数になる！

$\frac{7}{10} \times \frac{A}{B}$ → 整数

$\frac{14}{15} \times \frac{A}{B}$ → 整数

早ワザマジック！

A，Bにあてはまる数を公倍数・公約数とみる！

$\frac{7}{10} \times \frac{A}{B}$ → ・Aは10の倍数 ・Bは7の約数

$\frac{14}{15} \times \frac{A}{B}$ → ・Aは15の倍数 ・Bは14の約数

Aは10と15の公倍数
Bは7と14の公約数

解き方

$\frac{7}{10} \times \frac{A}{B}$と$\frac{14}{15} \times \frac{A}{B}$がともに整数になるとき，Aは10と15の公倍数，Bは7と14の公約数である。このうち，$\frac{A}{B}$が最も小さい分数になるのは，Aが10と15の最小公倍数，すなわち30で，Bが7と14の最大公約数，すなわち7のときである。

よって，$\frac{30}{7}\left(4\frac{2}{7}\right)$…**答**

> **ボーナスポイント**
> $\frac{\triangle}{\bigcirc} \times \frac{A}{B}$ が整数になるのは、○とA、△とBが約分でき、分母が1になるとき。

文章題編

入試ではこうでる

$3\frac{1}{4}$, $3\frac{2}{21}$, $7\frac{7}{12}$ に同じ分数をかけて、それぞれの積が整数になるようにしたいと思います。できるだけ小さい分数をかけるとすると、□をかけることになります。

(関西学院中学部)

> まず、帯分数を仮分数に直して考えよう

解き方

それぞれの分数を仮分数に直すと、$\frac{13}{4}$, $\frac{65}{21}$, $\frac{91}{12}$

これらに $\frac{A}{B}$ をかけて整数になるときを考える。

$\frac{13}{4} \times \frac{A}{B}$, $\frac{65}{21} \times \frac{A}{B}$, $\frac{91}{12} \times \frac{A}{B}$ のそれぞれの積が整数になるには、

Aが[4]と[21]と[12]の公倍数、

Bが13と[65]と[91]の公約数であればよい。

このうち、$\frac{A}{B}$ ができるだけ小さい分数になるには、

Aが4と21と12の最小公倍数で[84]、

Bが13と65と91の最大公約数で[13]になるときである。

よって、$\frac{84}{13}\left(6\frac{6}{13}\right)$ …答

```
2 ) 4   21  12
2 ) 2   21   6
3 ) 1   21   3
    1    7   1

13) 13  65  91
     1   5   7
```

文章題編　　②整数・小数

でる順5位 数の性質
四捨五入した数のつきとめ

こんな問題がでる！

ある整数を6で割ったときの商を小数第1位で四捨五入したら10になった。ある整数は□以上□未満の数である。

でるポイント

小数第1位を四捨五入したら10になった
→商のはんいがわかる！

小数第1位を四捨五入
したら10になった
→ 9.5 以上 10.5 未満の数

早ワザマジック！

四捨五入の状きょうを
数直線によって表現！

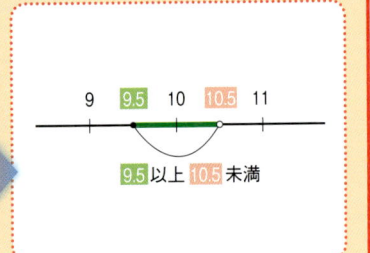

9.5 以上 10.5 未満

解き方

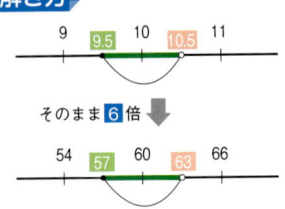

そのまま 6 倍

商を小数第1位で四捨五入すると10になるから，商は
9.5 以上 10.5 未満の数
これらを 6 倍すると
9.5 × 6 = 57 ,
10.5 × 6 = 63 だから，
57以上63未満… 答

ボーナスポイント　四捨五入する十の位だけに注目すると、50以上、49以下となる。

文章題編

入試ではこうでる

A町とB町の人口は、十の位を四捨五入すると、それぞれ34200人、30900人でした。A町とB町の実際の人口の差は□人以上□人以下です。

(青雲中)

> A町、B町それぞれの人口のはんいをまず考えよう

解き方

十の位を四捨五入しているから、
A町は、34150人以上34249人以下
B町は、30850人以上30949人以下
実際の人口の差は、
最も少なくて
[34150] − [30949] = 3201 (人)
└ 差が最も小さくなる数

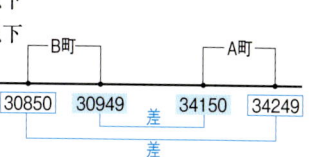

最も多くて
[34249] − [30850] = 3399 (人)
└ 差が最も大きくなる数

よって、
3201人以上3399人以下…**答**

> 差をとる数をまちがわないように

文章題編　**① 図形と場合の数**

でる順 **6位**　**場合の数**
交差点で合流する道順の数

こんな問題がでる！

A町，B町，C町は図のような道でつながっている。A町から，B町を通ってC町へ行くとき，最も短い道のりで行く方法は，全部で☐通りある。

でるポイント

はしの道以外の交差点は，2方向からたどりつける
→すべての交差点で道順の数の和を考えてみる！

各交差点までの道順をかいてみる

各交差点までの道が
そこまでの道順の数に変身！

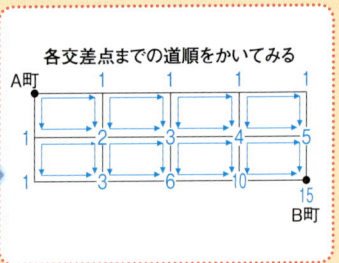

解き方

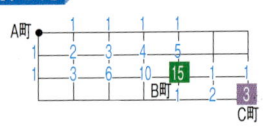

A町からB町までと，B町からC町までとに分ける。
図から，A町からB町までは **15** 通り，B町からC町までは **3** 通りの道順があるから，全部で **15** × **3** ＝45(通り)… **答**

ボーナスポイント それぞれの交差点までの道順の数は，2方向からの道順の数の和で求められる。

文章題編

入試ではこうでる

図のように道が同じ間かくで並んでいます。AからBまで最短の道のりで行くとき，行き方は □ 通りあります。

（帝京大学中）

> 形はちがっても，2方向からの道順の数の和は同じだよ

解き方

道順をすべてかき出すと，AからC，AからDまでの道順は[10]通りずつある。
つまり，E，F，G，Hまではそれぞれ[10]通りの道順があるので，Bまでは，
[200]通りになる。…**答**

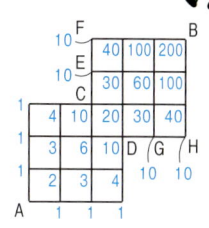

> と中で道がなくなってもあわてないように数えよう

文章題編 — ① 図形と場合の数

でる順 6位 場合の数
四角形をつくる組み合わせ

こんな問題がでる！

右の図にはいろいろな形の四角形がある。四角形は、全部で □ 個ある。

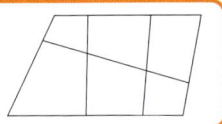

でるポイント

四角形は4本の辺からできている
→縦2本、横2本を選ぶと考えてみる！

早ワザマジック！
四角形の選び方が辺の選び方に変身！

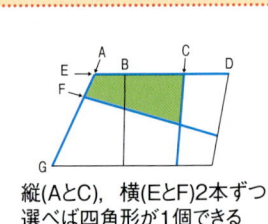

縦(AとC)、横(EとF)2本ずつ選べば四角形が1個できる

解き方

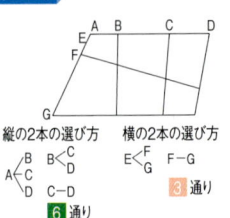

縦のA、B、C、D 4本から2本を選ぶ組み合わせは、全部で **6通り**。
横のE、F、G 3本から2本を選ぶ組み合わせは、全部で **3通り**。
四角形の数は全部で
6 × 3 = 18(個) … 答

縦の2本の選び方
A-B, B-C, B-D, C-D, A-D, A-C
6通り

横の2本の選び方
E-F, F-G, E-G
3通り

ボーナスポイント　組み合わせの数は「樹形図にする」,「表をかく」,「計算する」などの方法で求めることができる。

文章題編

入試ではこうでる

図のような5つの点A，B，C，D，Eがあります。これらの5つの点のうち，4つの点を結んで四角形をつくるとき，四角形は□通りできます。

（東邦大学附属東邦中）

> 4点を選ぶのでなく，1点を選ばないと考えてみよう

解き方

四角形は4つの点を選ぶとつくることができる。

いま，点は全部で5つあるから，5つのうちの[1]つを選ばないものとして決めると，四角形の点になる4つも決まる。

5つの点から1点を選ばない方法は全部で[5]通りあるから，四角形も

└ 四角形をつくる4点とそれ以外の1点で1組, と考える

5通りできる。… **答**

> 選ぶ場合より選ばない場合を調べる方が速いことがあるよ

文章題編　　　**1 図形と場合の数**

でる順 6位　場合の数
円周上の点から三角形をつくる

こんな問題がでる！

図のように，円周を6等分した点がある。このうち3点を選んで三角形をつくるとき，形の異なる三角形は全部で□種類できる。ただし，回転したり，裏返したりして重なるものは同じ形とします。

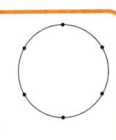

でるポイント

三角形の形は辺の長さで決まる
→3辺の長さの和を考える！

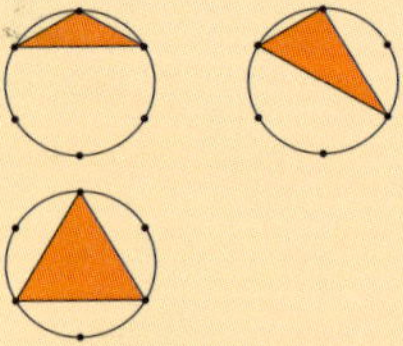

三角形の3つの辺の長さを考える

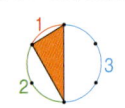

6つに分けられた弧のうちの1つ分をとる辺を1，2つ分をとる辺を2，…とすると，図の三角形は(1, 2, 3)の長さでできている。
このように，3つの辺の長さの和が6になる三角形が何通りあるか調べればよい。

早ワザマジック！
1つ1つ図をかくより和の組み合わせに注目！

解き方

和が6になる3つの整数の組は，
(1, 1, 4)，(1, 2, 3)，(2, 2, 2)の3組なので，できる三角形の種類は3(種類)…**答**

ボーナスポイント: 三角形の3つの辺の長さの和に注目しよう。

文章題編

入試ではこうでる

円周を10等分したとき,その等分点から3点を選び,その3点を頂点とする三角形を考えます。形の異なる三角形は □ 種類できます。ただし,回転したり,裏返したりして重なるものは同じ形とします。　　（渋谷教育学園渋谷中）

> 1つ1つかき出すとたいへんだね

解き方

右の図のように10等分された弧のうちの1つ分をとる辺を1,2つ分をとる辺を2,…とする。右の図では,3つの辺がそれぞれ,(1,3,6)でできていると考える。

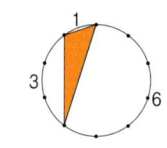

こうすると,3つの辺の長さの和が10になる三角形を調べればよいことになる。

和が10になる3つの整数の組は,

([1], [1], [8]), ([1], [2], [7]),
([1], [3], [6]), ([1], [4], [5]),
([2], [2], [6]), ([2], [3], [5]),
([2], [4], [4]), ([3], [3], [4])

の[8]通りある。

よって,できる三角形は8種類となる。… **答**

文章題編 ② 組み合わせ

でる順 6位 場合の数
表をかいて求める整数の値

こんな問題がでる!

1個40円のみかんと1個60円のりんごを合わせて何個か買って代金をちょうど460円はらった。買ったみかんの個数として考えられるのは，□個，□個，□個，□個である。

でるポイント

40と60の最小公倍数は120
→40(円)×3(個)＝60(円)×2(個)と考える!

みかん	1	2	3	…
りんご	7	×	×	…

早ワザマジック!
1個ずつ調べていく表が買い方パターンの表に変身!

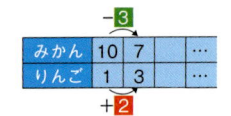

	−3	
みかん	10	7	…
りんご	1	3	…
	+2	

みかんがいちばん多く買えるのは，
(460−60)÷40＝10(個)で，
このとき
みかん10個，りんご1個。
ここから，みかんを **3** 個ずつ減らし，
りんごを **2** 個ずつ増やして表をつくる。

解き方

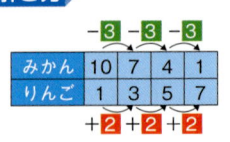

	−3	−3	−3	
みかん	10	7	4	1
りんご	1	3	5	7
	+2	+2	+2	

40円のみかん **3** 個と60円のりんご **2** 個が同じ値段なのでこれを交かんしていく。
表より，みかんの個数は，
1個，4個，7個，10個… **答**

ボーナスポイント 答えが何通りもあるので，買い方の例を見つけて表にしよう。

文章題編

🎓 入試ではこうでる

1個120円のりんごと1個80円のみかんがあります。どちらも3個以上買うものとして，ちょうど2000円になるような買い方は全部で [　　　] 通りあります。

(岡山白陵中・改)

> 1個の値段が安いほうをもとにして考えよう

解き方

$2000 ÷ 80 = 25$(個)より，
りんご[0]個とみかん[25]個の組み合わせが考えられる。

$120 × [2] = 80 × 3$ より，りんご[2]個とみかん[3]個の値段が同じなので，これを交かんしても代金の合計は変わらない。

　　　+2 +2

りんご	0	2	4	6	8	10	12	14	16
みかん	25	22	19	16	13	10	7	4	1

　　　-3 -3

どちらも3個以上買うので，
全部で6通りある。… **答**

> 条件に合っているか確認しよう

文章題編　3 数の性質と場合の数

でる順 6位　場合の数
数字を選んである数の倍数をつくる

こんな問題がでる！

> 0, 1, 3, 5の数字が1つずつ書いてあるカードが4枚ある。この4枚から3枚を選んで並べ、3けたの整数をつくる。5の倍数は全部で□個できる。

でるポイント

ある数が5の倍数になる
→一の位が0か5に決まることに注目！

```
1 0 3 →×
1 3 5 →○
3 5 0 →○
5 0 1 →×  …
```

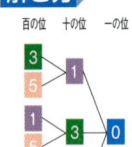

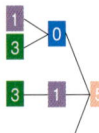

	百の位	十の位	一の位
	0̶ 1 3 5	0 1 3 5	0̶ 1̶ 3̶ 5
	0は×		1,3は×
	3けたの整数にならない		5の倍数にならない

早ワザマジック！

カードを選ぶとき各位で数を整理！

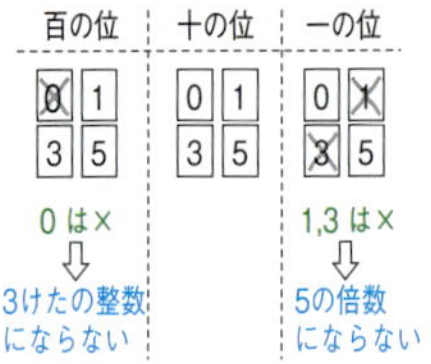

選べるカードが少ない一の位から考える

解き方

一の位は**0**か**5**で、百の位に**0**がくることはない。
左の図のようになり、
一の位が**0**のとき、全部で6通り、
一の位が**5**のとき、全部で4通り
だから、5の倍数の個数は、
6＋4＝10(個)…**答**

> **ボーナスポイント**　樹形図をかいて調べよう。一の位からかいた方がいい場合もあるよ。

文章題編

入試ではこうでる

0，1，2，3，4の5個の数字から，異なる3個の数字を選んで3けたの整数をつくります。このとき，3けたの整数は全部で□通りできます。

(浅野中)

各位におくことのできる数字を整理しよう

解き方

百の位に0をおくことができない。十の位と一の位には5個の数字のどれもおくことができる。
右の図で，百の位が1のとき，全部で，

[4] × 3 = 12（通り）
　└─ 十の位の4通りそれぞれに対して，一の位が3通りある

の3けたの整数ができる。
百の位が2，3，4のときも同じように[12]通りずつできるから，全部で

[12] × [4] = 48（通り）…**答**

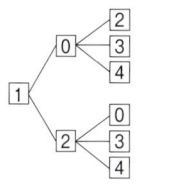

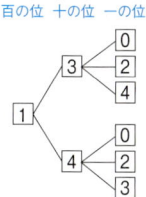

同じ数字は2つの位にはおけないよ

文章題編 ① 推理

でる順 7位 調べと推理・グラフ
ま方じんの計算

こんな問題がでる！

三角形の頂点の上に並んだ○の中に数字を入れ、それぞれの辺の上にある数との合計がどれも等しくなるようにする。○に入る数はなるべく小さな0より大きい整数とすると、一番大きい数は□である。

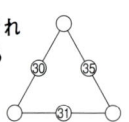

（図：三角形の頂点に○、辺上に30、35、31）

でるポイント

各辺の数の合計を考える
→2つの辺にまたがっている数から関係をさぐる！

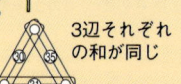

3辺それぞれの和が同じ

早ワザマジック！

各辺の数の関係は数の差に注目！

3辺のうちの2辺の関係を考える

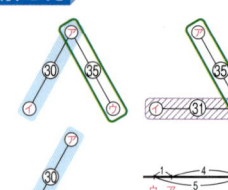

左の辺は　ア＋30＋イ
右の辺は　ア＋35＋ウ

イはウより5大きい！

解き方

図から、ア＋30＋イ＝ア＋35＋ウ
だから、イはウより5大きい。
同じようにして、
イはアより4大きく、アはウより1大きい。
一番小さな数はウで、これを1とすると、一番大きいイは、1＋5＝6
よって、一番大きい数は6 … **答**

ボーナスポイント

見えている数字から，何がわかるかじっくり調べていこう。

文章題編

入試ではこうでる

右の表で，縦，横，ななめの3つの数をかけると，どこも積は同じになります。エにあてはまる数は ☐ です。

6	ア	イ
ウ	3	エ
オ	1	$\frac{3}{2}$

(関西大学第一中)

> わかるところから順に求めていこう

解き方

左上から右下のななめの積は，

$6 \times 3 \times [\frac{3}{2}] = 27$

一番下の横の3つについて，

オ = $[27] \div 1 \div [\frac{3}{2}] = 18$

└ 最初にオがわかる

左下から右上のななめについて，
イ = $27 \div$ オ $\div [3]$
　= $27 \div 18 \div [3] = \frac{1}{2}$

一番右の縦について，
エ = $27 \div$ イ $\div [\frac{3}{2}]$

　= $27 \div [\frac{1}{2}] \div [\frac{3}{2}] = 36$ … **答**

文章題編　2 グラフ

でる順 7位　調べと推理・グラフ
帯の長さは全体に対する割合を表す

こんな問題がでる！

右の帯グラフは，ある町の土地利用の割合を表したものである。畑を表す帯は □ cm である。

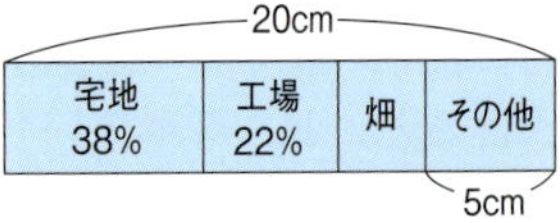

（帯グラフ：20cm／宅地38%／工場22%／畑／その他 5cm）

でるポイント

全体の長さと，その他の長さがわかっている
→その他の割合を求めてから，畑の割合を求める！

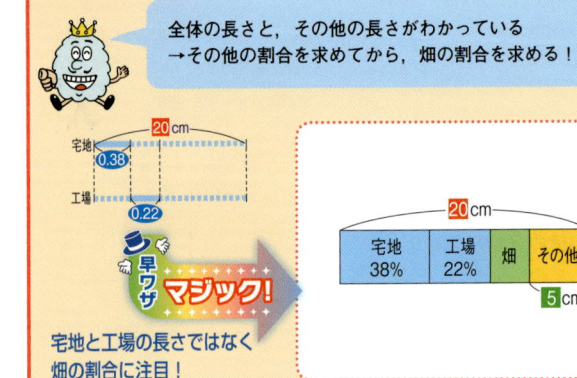

早ワザ マジック！

宅地と工場の長さではなく
畑の割合に注目！

解き方

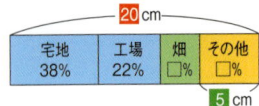

その他の割合は，
$5 \div 20 = 0.25$ より25（%）
すると，畑の割合は，
$100 - (38 + 22 + 25) = 15$（%）

よって，畑の長さは，$20 \times 0.15 = 3$（cm）…答
（畑とその他の関係で，$5 \times \dfrac{15}{25} = 3$（cm）としてもよい。）

ボーナスポイント
2つの量の関係がわかれば、長さや角度を求めることができる。

文章題編

入試ではこうでる

ある色紙セットを色別に枚数を数えた結果を、表と円グラフと帯グラフにしました。このとき、帯グラフで青の部分の長さと緑の部分の長さの合計は □ cmになります。
（分数で答えなさい）

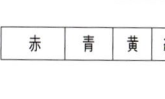

色	枚数	全体の枚数に対する割合(%)
赤	40	
青		25
黄	25	
緑	10	
黒		12.5

（東邦大学付属東邦中・改）

> 表と円グラフより、赤の枚数と角度を使うと、全体の枚数が求められるね

解き方

赤40枚が全体の $\dfrac{120}{360} = \dfrac{1}{3}$ にあたるので、全体は、

[40] $\div \dfrac{1}{3} = 120$（枚）

青は25%なので、

$120 \times$ [0.25] $= 30$（枚）

黒12.5%が1cmなので、帯グラフ全体の長さは、

[1] $\div 0.125 = 8$（cm）

よって、

$8 \div$ [120] $\times (30+10) = \dfrac{8}{3} \left(2\dfrac{2}{3}\right)$（cm）…**答**

└─ 1枚あたりの帯グラフの長さ

難関校の問題にチャレンジ

麻布中学校（東京）

問題

1や1000は3で割ると1余る整数です。1から1000までの整数の中から、3で割ると1余る整数について次の問いに答えなさい。
(1) 2の倍数、5の倍数はそれぞれいくつありますか。
(2) 2の倍数でも5の倍数でもない整数はいくつありますか。

早ワザ理解

- 3で割ると1余る数は、1を除いて3個ごとにある
  1, 2, 3, 4, 5, 6, 7, ……, 1000

- 2の倍数は、はじめから2個ごとにある
  1, 4, 7, 10, 13, 16, ……, 1000

- 5の倍数は、はじめの4個を除いて5個ごとにある
  1, 4, 7, 10, 13, 16, 19, 22, 25, ……, 1000

解答のポイント

① 個数の数え方に注意
3で割ると1余る数を小さいものから並べてみると、
1, 4, 7, 10, 13, 16, 19, 22, 25, 28, 31, ……, 1000
 3 3 3 ……   …… 3

1000を□番目の数とすると、3が□−1(個)増える

[公式] 等差数列の、はじめから数えて□番目の数は、
　　　はじめの数＋加える数×(□−1)で求められる。

② 式や考え方が求められる
解答用紙に式や考え方を書くらんがあるので、きちんと、ていねいに書いていきましょう。

難関校の問題にチャレンジ

解 答

(1) 3で割ると1余る数は,
(1000 − 1) ÷ 3 + [1] = 334(個)
このうち, 2の倍数は, 2個ごとにあるので,
334 ÷ 2 = 167(個)
また, 5の倍数は, はじめの4個を除いて5個ごとに出てくるので,
(334 − [4]) ÷ 5 + [1] = 67(個)

(2) 3で割ると1余る数のうち, 10の倍数は
1, 4, 7, [10], 13, …, [40], …, [70],
……, [1000]

はじめの4個を除いて10個ごと
に出てくるので,
(334 − [4]) ÷ 10 + [1] = 34(個)
よって,
334 − (167 + 67 − 34) = 134(個)

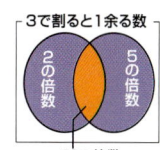

答 (1) (順に)167個, 67個 (2) 134個

> 倍数が何個ごとに出てくるか, 調べるのがカギ。まず, この「早ワザ」を思い出そう。

難関校の問題にチャレンジ

灘中学校（兵庫）

問題

あるクラスでノートを配ることにした。男子1人に4冊ずつ，女子1人に6冊ずつ配るとすれば7冊余る。また，男子1人に6冊ずつ，女子1人に4冊ずつ配るとすれば9冊不足し，男子1人に5冊ずつ，女子1人に7冊ずつ配るとすれば33冊不足するという。このクラスの男子は ① 人で，ノートは全部で ② 冊である。

早ワザ理解

3つの配り方は
- Ⓐ 男子4冊，女子6冊 → 7冊余る
- Ⓑ 男子6冊，女子4冊 → 9冊不足
- Ⓒ 男子5冊，女子7冊 → 33冊不足

ⒶとⒷで人数の差，ⒶとⒸで人数の和がわかる

解答のポイント

1．配り方の特ちょうに注目！
① ⒶとⒷの配り方は，男子と女子に配る冊数が逆になっている。そのため「7冊余る」→「9冊不足」になった。
② ⒶとⒸの配り方は，男子と女子に配る冊数が1冊ずつ増えている。そのため「7冊余る」→「33冊不足」になった。

2．答え方に注意。
灘中学校の1日目の入試問題は，解答用紙のらんに答えのみを記入する形式。男子の人数の方を答える。

難関校の問題にチャレンジ

解答

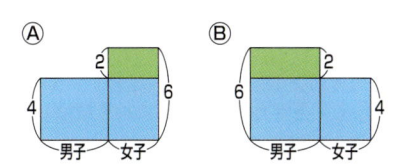

Ⓐと圏から，圏の方がⒶより配る冊数が増えるので人数は男子の方が多く，配る冊数は
[7]+[9]= 16(冊) 増えるので，男女の人数の差は，
16÷(6 －[4])= 8(人)
└─ 男女の人数の差

また，ⒶとⒸから，Ⓒの方が全員に1冊ずつ多く配り，配る冊数が，
7 + 33=40(冊) 増えるので，
40÷1 =40(人)
これが男子と女子の人数の和となるので，男子の人数は，
(40+[8])÷[2]=24(人)
ノートの冊数は，
4×24 + 6×(40－[24])+[7]=199(冊)

答 ①24 ②199

> 過不足算・差集め算は面積図をかくのがカギ。まず，この「早ワザ」を思い出そう。

難関校の問題にチャレンジ

愛光中学校（愛媛県）

問題

容器Aにはあるのう度の食塩水が600g，容器Bには18％の食塩水が入っています。いま，AからBに200g移してよく混ぜたところ，Bののう度は16％になりました。さらに，BからAに200gもどし，Aに水を80g加えて混ぜたところ，Aののう度は10％になりました。
（1）最後にできた10％の食塩水に何gの食塩がとけていますか。
（2）はじめ，容器Aには何％の食塩水が入っていましたか。
（3）はじめ，容器Bには食塩水が何g入っていましたか。

早ワザ理解

ア：イ＝い：あ
うでの長さと食塩水の量の比は逆比になる。

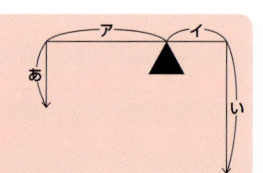

解答のポイント

① 容器Aの中の食塩水の移動だけ考えよう。
　AからBに200g移す→BからAに200gもどす→Aに水を80g入れる
② 天びん図をかこう。
　はじめのAののう度を□％，
　BからAに200gもどした後のAののう度を△％とする。

難関校の問題にチャレンジ

解答

（1）容器Aの中の食塩水の移動を考えて，
$600 - 200 + 200 + 80 = 680$(g)
Aののう度は10%だから，食塩の量は，
$680 \times [0.1] = 68$(g)

（2）食塩水ののう度と量を天びん図にかくと右の図1～3のようになる。
図3より，カ：キ $= 600 : 80$
$(10 - [0])$：キ $= 15 : 2$
よって，キ $= 10 \times 2 \div 15 = \dfrac{4}{3}$
したがって，A′ののう度は，
$△ = 10 + \dfrac{4}{3} = \dfrac{34}{3}$(%)
図2より，エ：オ $= 200 : 400$
エ：$\left(16 - \dfrac{34}{3}\right) = 1 : 2$，エ $= \dfrac{7}{3}$(%)
したがって，はじめのAののう度は，
$□ = \dfrac{34}{3} - \dfrac{7}{3} = 9$(%)

（3）図1より，
ア：イ $=$ ウ：200
$(16 - [9]) : (18 - 16) = $ ウ：200
ウ $= 7 \times 200 \div 2 = 700$(g)

図1　AからBに200g移したときの容器Bについて（B′とする）

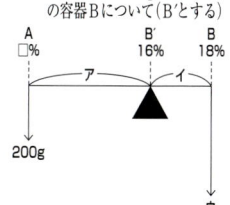

図2　BからAに200gもどしたときの容器Aについて（A′とする）

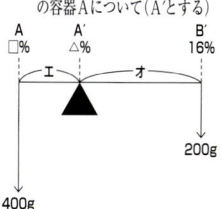

図3　Aに水を80g加えたときの容器Aについて（A″とする）

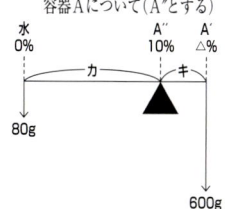

答　（1）68g　（2）9%　（3）700g

のう度の問題は，天びん図をかくのがカギ。まずこの「早ワザ」を思い出そう。

おもしろ問題 油わけ算

問題

70mL入るカップAと，50mL入るカップBがあります。水を「入れる」，「捨てる」，「移す」をどれも1回の操作とすると40mLの水を最もはやく作るには，6回の操作が必要で，操作後の水の量（単位mL）を上の表のように整理しました。

カップ＼回	1	2	3	4	5	6
A	70	20	20	0	70	40
B	0	50	0	20	20	50

次に，2つのカップを使って10mLの水を作ります。その操作の手順を表す右の表の空らんをうめなさい。

カップ＼回	1	2	3	4	5	6	7	8
A	0							
B	50	0	50	30	30	0	50	10

［広島学院中・改］

解き方

1回目：Bに50mLの水を入れる
2回目：Bの水50mLをAに移す
3回目：Bに50mLの水を入れる
4回目：Bの水のうち20mLをAに移す
5回目：Aの水70mLを捨てる
6回目：Bの水30mLをAに移す
7回目：Bに50mLの水を入れる
8回目：Bの水40mLをAに移す
　　　　（Bに10mL残る）

答

カップ＼回	1	2	3	4	5	6	7	8
A	0	50	50	70	0	30	30	70
B	50	0	50	30	30	0	50	10

平面図形 編

- でる順 **1** 位 面積 …………………… 104
- でる順 **2** 位 図形の移動 ……………… 114
- でる順 **3** 位 角の大きさ ……………… 122
- でる順 **4** 位 面積や辺の比 …………… 128
- 難関校の問題にチャレンジ ………………… 134
- おもしろ問題 ………………………………… 138

平面図形編 ❶ 三角形・四角形の面積

でる順 1位 面積
分割して求める面積

こんな問題がでる！

右の図の色のついた部分の面積は □ cm² である。

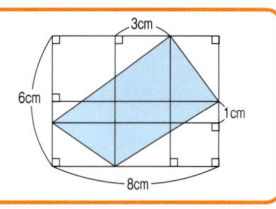

でるポイント

長方形の対角線を利用して，直角三角形に分割する！

複雑な形がいくつかの直角三角形に変身！

早ワザマジック！

4つの直角三角形に分割する

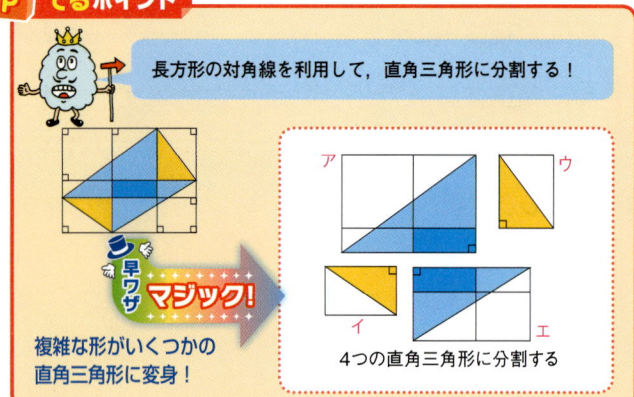

解き方

上の図のように4つの長方形に分割すると，求める部分以外の4つの直角三角形の面積は，(ア＋イ＋ウ＋エ)÷2
＝(もとの長方形＋重なり■の面積)÷2
＝(6×8＋1×3)÷2＝25.5(cm²)
よって，求める面積は，
6×8－25.5＝22.5(cm²)…答

ボーナスポイント

4つの直角三角形と中に入っている小さな長方形との組み合わせを考えよう。

平面図形編

入試ではこうでる

図は縦9cm，横13cmの長方形の4つの辺上に点をとり，それらを結んで四角形をつくったものです。AB=5cm，CD=3cmとして，色のついた部分の面積は □ cm² です。ただし，図の点線は長方形の辺と平行です。

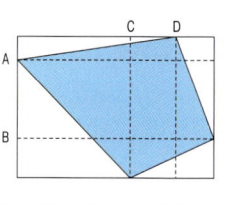

(青雲中)

解き方

分割して，直角三角形や長方形をつくってみよう

図のように，5つの長方形に分割すると，求める面積は，
　(ア＋イ＋ウ＋エ)÷2＋オ
＝(もとの長方形－オ)÷2＋オ
＝(9×13－[5]×[3])÷2
　＋[5]×[3]
＝51＋[15]
＝66(cm²)…**答**

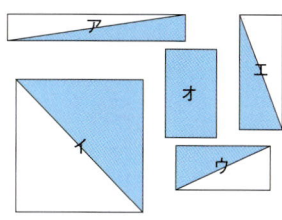

直角三角形が長方形の半分になっているところがポイント

平面図形編 ❶ 三角形・四角形の面積

でる順 1位 面積
三角形を変形して面積を求める

こんな問題がでる！

右の図の長方形で、色のついた部分の面積は □ cm² である。

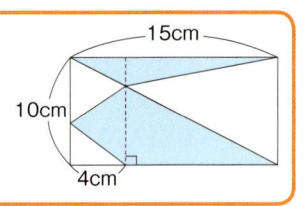

(図：長方形 15cm × 10cm、底辺に 4cm の印)

でるポイント

三角形が長方形の内部にある
→面積を変えずに三角形を変形！

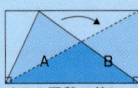

AとBの面積は等しい

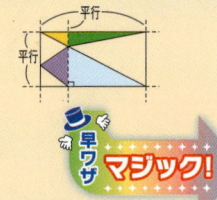

複雑な形をした図形が面積を変えずに変形！

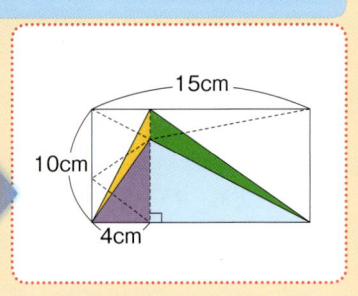

早ワザマジック！

解き方

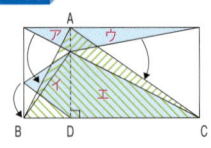

左の図より、
ア＋イ＝三角形ABD
ウ＋エ＝三角形ACD
求める面積は長方形の面積の半分より、
$15 \times 10 \div 2 = 75 (cm^2)$ … 答

ボーナスポイント 台形を2つの三角形に分割して考えよう。

平面図形編

入試ではこうでる

図で, 三角形ABEの面積は台形ABCDの面積の半分です。
辺BEの長さは □ cmです。

(文教大付属中)

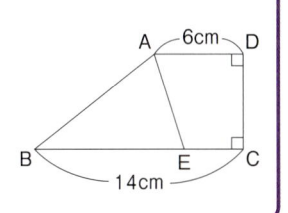

> 辺AD, 辺ECを三角形の底辺として考えよう

解き方

図で, 台形AECDを三角形AEDと三角形DECに分割して考える。
高さが等しいので, 三角形ABEと台形AECDの面積が等しくなるには,
BE = [AD] + [EC]
であればよい。
よって,
BE = (6 + 14) ÷ 2 = 10(cm)…**答**

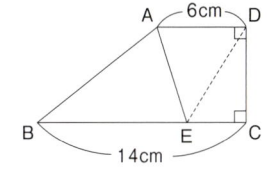

> 台形は三角形に分けて, 面積を求めることができるよ

107

平面図形編　❶ 三角形・四角形の面積

でる順 1位　面積
直接求められない辺の長さ

こんな問題がでる！

右の図において，辺ABの長さは □ cmである。

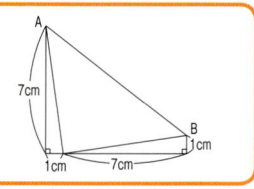

(図：A, B, 7cm, 1cm, 1cm, 7cm)

でるポイント

直角と，同じ長さの辺に注目して正方形をつくってみる！

同じ図形を回転して上につけると，正方形ができる

手がかりのない辺が正方形の対角線に変身！

早ワザ マジック！

解き方

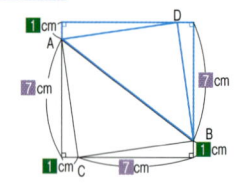

正方形ACBDの面積は，外側の大きい正方形の面積から4つの直角三角形の面積をひいたものになるから，

(7+1)×(7+1)
−7×1÷2×4＝50(cm²)

ABは正方形ACBDの対角線だから，
AB×AB÷2＝50
よって，ABは，10(cm)…答

ボーナスポイント 同じ図形を2つくっつけると，わかりやすい形が現れてくる。

平面図形編

入試ではこうでる

右の図の，アの辺の長さは □ cm です。（普連土学園中）

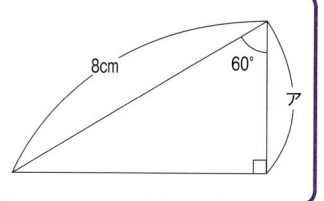

8cm / 60°/ ア

60°に注目しよう

解き方

右の図のように，同じ三角形を裏返して下につけると，正三角形ができる。
このとき，正三角形の1辺の長さは [8]cm

└ 図の8cmがそのまま正三角形の1辺になる

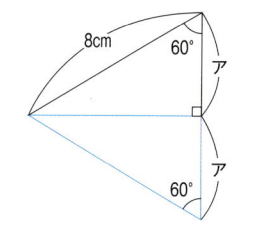

アは正三角形の1辺の長さの半分になるから，
[8] ÷ [2] = 4 (cm)…**答**

同じ図形を2つくっつけて値がわかる形にする方法は応用はんいが広いよ

109 ◀

平面図形編 ②複合図形の面積

でる順 1位 面積
半円やおうぎ形を組み合わせた図形

こんな問題がでる！

右の図で，色のついた部分の面積は□cm²である。
ただし，円周率は3.14とする。

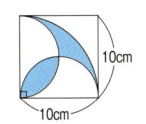

でるポイント

半円やおうぎ形が組み合わさった図形
→移動して簡単な図形にする！

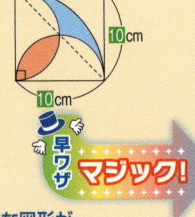

早ワザマジック！

複雑な図形が簡単な図形に変身！

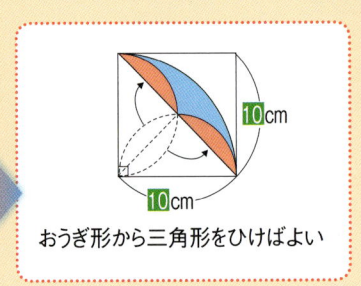

おうぎ形から三角形をひけばよい

解き方

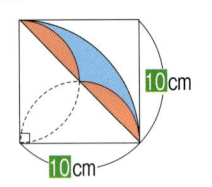

求める部分の面積は，半径 10 cm，中心角90°のおうぎ形から，2辺が10cmの直角二等辺三角形をひいたものに等しいから，

10×10×3.14×$\frac{1}{4}$－10×10÷2
＝28.5（cm²）…答

ボーナスポイント: まず，2つの半円の面積の和を求め，その後で余分な直角三角形の面積をひいてみよう。

平面図形編

入試ではこうでる

図のように，直角三角形と，その2辺を直径とした半円を組み合わせた図形があります。しゃ線部分の面積は □ cm²です。ただし，円周率は3.14とします。

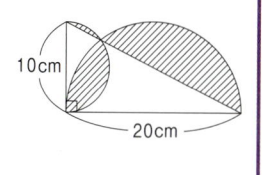

(恵泉女学園中)

解き方

直角三角形を2つの三角形に分けて考えよう

下の図のように，2つの半円の和から，直角三角形をひいたものが求める図形。

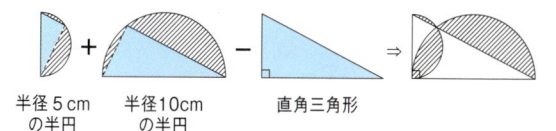

半径5cmの半円 + 半径10cmの半円 − 直角三角形 ⇒

より，

$([5] \times [5] \times 3.14 + [10] \times [10] \times 3.14) \times \dfrac{1}{2} - 20 \times 10 \div 2$

└ 半径5cmと半径10cmの半円の和

$= 96.25 (cm^2)$ … **答**

平面図形編 ／ **❷ 複合図形の面積**

でる順 1位 面積
円の一部を分割した図形

こんな問題がでる！

右の図で，点A, Bは円の弧CGを3等分した点である。色のついた部分の面積は□cm²である。ただし，円周率は3.14とする。

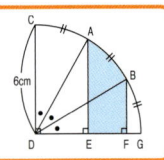

でるポイント

中心角が等分
→合同な直角三角形に注目！

求められそうにない形が簡単な図形に変身！

早ワザ マジック！

解き方

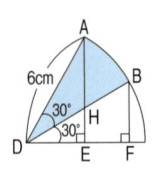

左の図で，三角形DAEと三角形BDFは合同だから，面積が等しい。

ここで，三角形DEHは共通なので，四角形EFBHと三角形ADHは面積が等しい。

よって，四角形EFBHを三角形ADHに移すと考えると，求める部分の面積は，半径6cm，中心角30°のおうぎ形の面積に等しいから，

$6 \times 6 \times 3.14 \times \dfrac{30}{360} = 9.42 (cm^2)$ … 答

▶112

ボーナスポイント: 面積が等しい部分を見つけて、くっつけたり、取り除いたりしてみる。

平面図形編

入試ではこうでる

右の図は、半径12cmのおうぎ形です。この図の色のついた部分の面積は □ cm²です。ただし、円周率は3.14とします。

（土佐塾中）

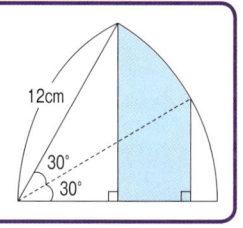

> どこに合同な三角形があるかを見つけよう

解き方

右の図で、三角形OABと三角形[COD]は合同だから、面積が等しい。
ここで、三角形OBFは共通なので、四角形BDCFと三角形AOFは面積が等しい。
よって、四角形BDCFを三角形AOFに移すと考えると、求める部分の面積はおうぎ形OACの面積に等しいから、

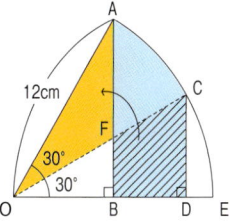

$12 \times 12 \times 3.14 \times \left[\dfrac{30}{360}\right] = 37.68 (cm^2)$ …**答**

　└ おうぎ形の中心角は30°

> 合同な三角形の重なる部分を見つけることがポイントだ

平面図形編　❶ 回転移動

でる順 2位　図形の移動
回転移動は面積の等しい部分を考える

こんな問題がでる！

右の図のような三角定規ABCがあり、辺BCが直線アイに重なっている。点Bを中心に三角定規ABCを辺ABが直線アイに重なるまで回転させると、色をつけた部分の面積は □ cm²である。ただし、円周率は3.14とする。

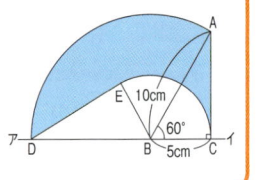

でるポイント

等積変形(面積が等しい部分を移動)を利用して面積のわかる形に変える！

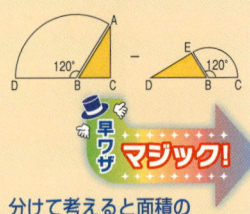

早ワザマジック！
分けて考えると面積の等しい部分を発見！

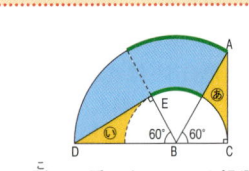

弧が二重になっている部分はそのままにして㋐を㋑に移動

解き方

求める面積は、半径10cmのおうぎ形から半径5cmのおうぎ形をひいたもの。角ABD＝180°－60°＝120°より、

$(10 \times 10 \times 3.14 - 5 \times 5 \times 3.14) \times \dfrac{120}{360}$
$= (100 - 25) \times 3.14 \times \dfrac{1}{3} = 78.5 (cm^2)$ …答

ボーナスポイント 弧に注目し，等積変形でおうぎ形をつくろう。

平面図形編

入試ではこうでる

右の図は長方形ABCDが点Cを中心に時計回りに30°回転したものです。色をつけた部分の面積は□ cm² です。ただし，円周率は3.14とする。　(日本女子大附属中)

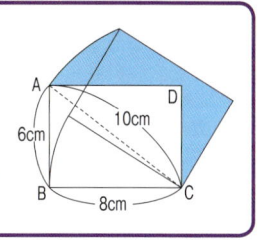

> おうぎ形はどこにかくれているかな？

解き方

図1のように点AとC，点EとCを結ぶ。図2で，各部分を，あ，い，うとすると，あ＝(三角形ECF－う)，い＝(三角形ACD－う)で，三角形ECFと三角形ACDは合同で面積が等しいから，あ＝いである。
よって，図1で色をつけた部分の面積はおうぎ形CAEに等しい。
角ACE＝[30]°だから，

$$10 \times 10 \times 3.14 \times \left[\frac{30}{360}\right] = \frac{157}{6}\left(26\frac{1}{6}\right)(\text{cm}^2) \cdots \text{答}$$

図1

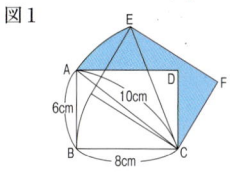

図2

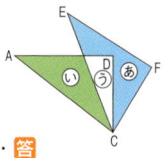

115

平面図形編　❷ 点の移動と図形の面積

でる順 2位　図形の移動
点の移動は旅人算を利用する

こんな問題がでる！

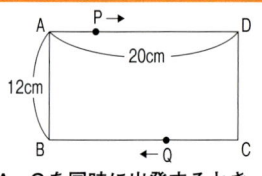

右の図のような長方形ABCDの辺上を2つの点P，Qが動く。点PはAを出発し，毎秒2cmの速さで辺AD上を往復し，点QはCを出発し，毎秒3cmの速さで辺BC上を往復する。PとQが，それぞれA，Cを同時に出発するとき，四角形ABQPが2回目に長方形になるのは□秒後である。

でるポイント

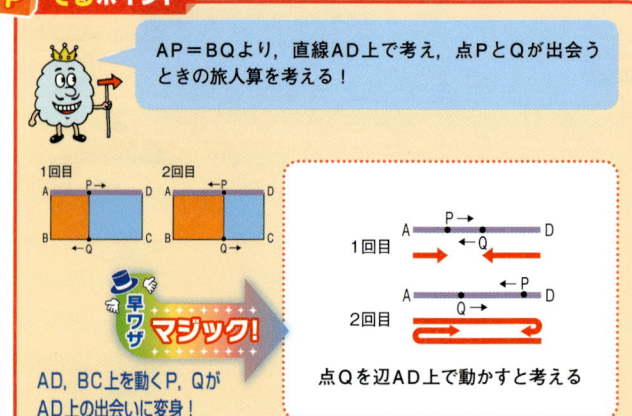

AP＝BQより，直線AD上で考え，点PとQが出会うときの旅人算を考える！

1回目　2回目

早ワザマジック！

AD, BC上を動くP, Qが
AD上の出会いに変身！

点Qを辺AD上で動かすと考える

解き方

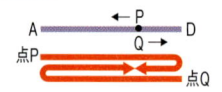

点P，Qは2回目に出会うまでに合わせて，20×3＝60(cm)動くので，
60÷(2＋3)＝12(秒後)…答

ボーナスポイント: 出会ったり，追いついたりする旅人算として考えよう。

平面図形編

入試ではこうでる

図のように，共子さんと立子さんは1辺が15mの正方形の周りを時計回りに進んでいきます。共子さんは毎秒5mの速さで点Aを，立子さんは毎秒2mの速さで点Cを同時に出発します。次の各問いに答えなさい。

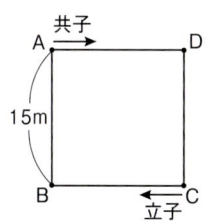

(1) 共子さんが初めて立子さんを追いぬくのは，出発してから [　] 秒後です。

(2) 共子さんが点Aに，立子さんが点Cに初めて同時に着くまでに，共子さんは立子さんを [　] 回追いぬきます。

(共立女子中)

解き方

> 1回目に追いぬく時間と2回目以降に追いぬく時間はちがうよ

(1) 共子さんは点A，立子さんは点Cにいるので，
$15 \times [2] = 30$(m)はなれている。
よって，$30 \div ([5] - [2]) = 10$(秒後)…**答**

(2) 共子さんがA地点にもどるのに，$15 \times 4 \div 5 = 12$(秒)かかる。
また，立子さんがC地点にもどるのに，$15 \times 4 \div 2 = 30$(秒)かかる。
同時にもどるには，[60]秒かかる。
ここで，2回目以降共子さんが立子さんを追いぬくのに，
$15 \times [4] \div ([5] - [2]) = 20$(秒)かかるので，
1回目　10秒後
2回目　$10 + 20 = 30$(秒後)
3回目　$10 + 20 \times 2 = 50$(秒後)
4回目　$10 + 20 \times 3 = 70$(秒後)
となるので，3回追いぬく。…**答**

平面図形編　❷ 点の移動と図形の面積

でる順 2位　図形の移動
面積の変化をグラフから読みとる

こんな問題がでる！

図1のような台形ABCDがある。点PはAを出発し，毎秒1cmの速さで矢印の方向にCまで動く。図2は点Pが動き始めてからの時間と，三角形PCDの面積の変化のようすを表したグラフである。
三角形PCDの面積が20cm²になるのは出発してから◯秒後と◯秒後である。

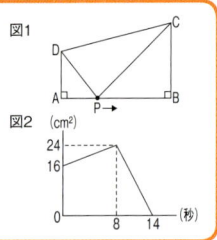

P でるポイント

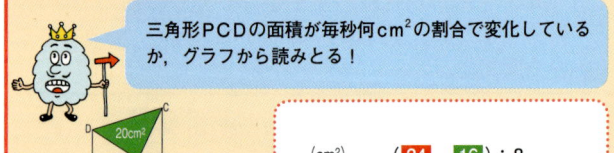

三角形PCDの面積が毎秒何cm²の割合で変化しているか，グラフから読みとる！

早ワザ マジック！

面積の変化のようすがグラフに出現！

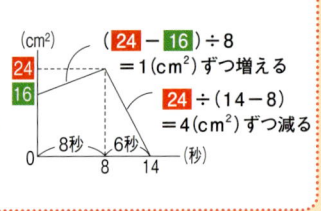

$(24 - 16) \div 8 = 1(cm^2)$ ずつ増える

$24 \div (14 - 8) = 4(cm^2)$ ずつ減る

解き方

1回目：出発してから8秒後まで面積は1秒間に$(24 - 16) \div 8 = 1$(cm²)ずつ増える。よって，$(20 - 16) \div 1 = 4$(秒後)…答

2回目：8秒後から14秒後まで面積は1秒間に$24 \div (14 - 8) = 4$(cm²)ずつ減る。$(24 - 20) \div 4 = 1$(秒)　よって，$8 + 1 = 9$(秒後)
…答

ボーナスポイント グラフが変化するところを境にして,何が読みとれるか考えてみよう。

平面図形編

入試ではこうでる

図のようなすべての角が直角の図形OABCDEがあります。点Pは点Oを出発し,毎秒2cmの速さでO→A→B→C→D→E→Oの順に進みます。グラフはそのときの時間と三角形OPEの面積の関係を表したものです。このとき,次の問いに答えなさい。

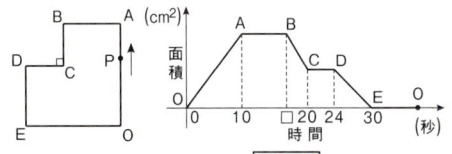

(1) 左上の図のOAの長さは □ cmです。
(2) グラフの□にあてはまる時間は □ 秒です。
(3) 図形OABCDEの面積は □ cm^2 です。(桜美林中・改)

解き方

(1) OA上を進むのに10秒かかっているので,
 [2]×10=20(cm)…**答**

(2) DE上を進むのに,30−24=6(秒)かかっているので,BC上にかかった時間は,(OA上にかかった時間)−(DE上にかかった時間)であるから,[10]−[6]=4(秒)かかる。
 よって,点Bまでにかかった時間は,20−[4]=16(秒)…**答**

(3) 右の図で,OA=20(cm)
 AB上を[16]−10=6(秒)かかるので,
 AB=[2]×6=12(cm),BC=2×4=8(cm),
 CD=2×4=8(cm),DE=2×6=12(cm)
 よって,求める面積は,
 20×20−[8]×[8]=336(cm^2)…**答**

平面図形編　❸ 図形の移動と面積

でる順 2位　図形の移動
三角形の平行移動

こんな問題がでる！

直角三角形Aと長方形Bがあり、Aは毎秒1cmの速さで直線ℓにそって矢印の向きに動き始める。このとき、動き始めて8秒後にAとBが重なっている部分の面積は □ cm² である。

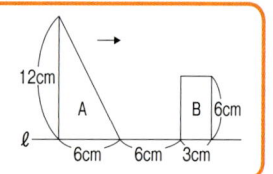

でるポイント

重なり部分にAと相似な三角形ができる！

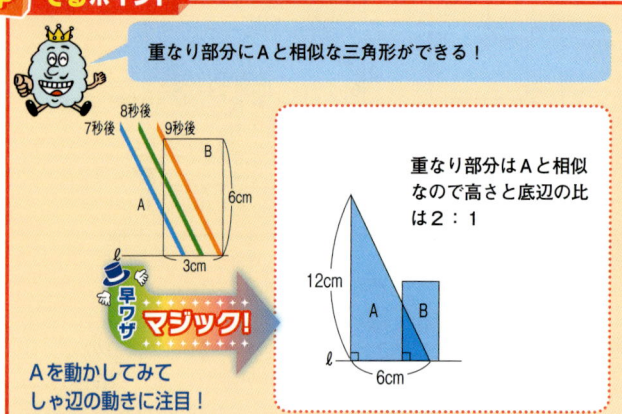

Aを動かしてみてしゃ辺の動きに注目！

重なり部分はAと相似なので高さと底辺の比は2：1

解き方

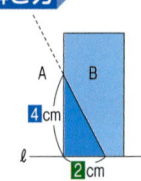

8秒後の重なり部分の底辺は、
$1 \times 8 - 6 = 2$ (cm)
このときの高さは、$2 \times 2 = 4$ (cm)
よって、求める面積は、
$2 \times 4 \div 2 = 4$ (cm²) …答

ボーナスポイント　三角形が平行移動して長方形に重なる場合は、相似を利用しよう。

平面図形編

入試ではこうでる

右の図のような直角三角形Aと長方形Bがあります。Aは毎秒3cmの速さで直線ℓにそって動きます。このときAとBが重なっている部分の面積が、初めてBの面積のちょうど半分になるのは、Aが動き始めてから□秒後です。

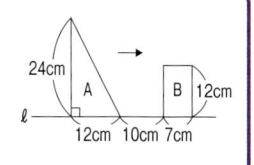

（慶應義塾中等部・改）

> 重なり部分が初めてBの半分になるのは、Aのしゃ辺がBの対角線の交点を通るときだよ

解き方

図より、重なり部分の面積が初めてBの面積の半分になるのは、対角線の交点をAのしゃ辺が通るときなので、
PQ = [12] ÷ [2] = 6 (cm)

QR = 6 × [$\frac{1}{2}$] = 3 (cm)

よって、
(10 + [7] ÷ 2 + 3) ÷ [3]
= 5.5 (秒後)…**答**

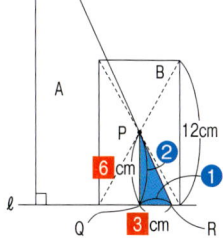

平面図形編　❶ 多角形の角の和

でる順 3位 角の大きさ
いくつもの角の和

こんな問題がでる！

右の図の●印のついた7つの角の大きさの和は□°である。

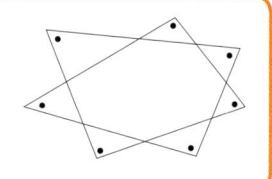

でるポイント

1つ1つの角の大きさが求められない
→和が等しい角を見つける！

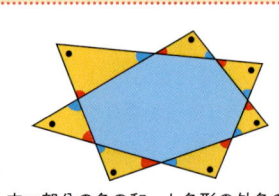

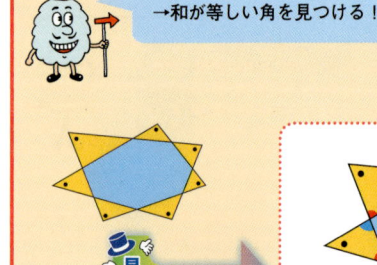

7つの角の和は
七角形の外角の和に注目！

早ワザマジック！

赤い部分の角の和＝七角形の外角の和
青い部分の角の和＝七角形の外角の和

解き方

求める角の大きさの和は，180°の角7つ分から，七角形の外角の和の2倍を引いたものになる。多角形の外角の和は360°だから，180°×7－360°×2＝540°…答

> 別の角に注目し、その角もふくめた和を考えてみる。補助線をひいてみよう。

平面図形編

入試ではこうでる

右の図の角アから角クまでのすべての角の和は □ °です。
（森村学園中）

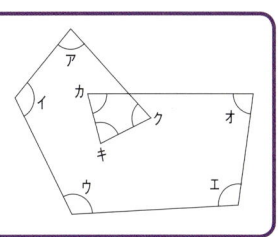

適当な線をひいて、多角形の内角の和をつくろう

解き方

右の図のように線をひくと、赤い部分の角の大きさの和と、青い部分の角の大きさの和は等しいから、求める角の和は、五角形の内角の和と三角形の内角の和を合わせたものに等しい。

$180° \times (5 - [2]) + [180]°$

└ □角形の内角の和は $180° \times (□ - 2)$

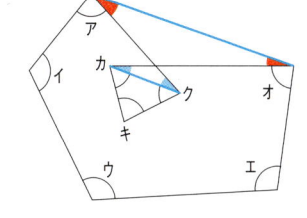

$= 720°$ … **答**

1つ1つの角はわからなくても和が求められることを確認しておこう

平面図形編 / ❷ 線対称な図形

でる順 3位 角の大きさ
折り返した図形の角の大きさ

こんな問題がでる!

右の図は，長方形ABCDの頂点Cが辺AD上にくるように折り曲げたものである。アの角の大きさは □°，イの角の大きさは □°である。

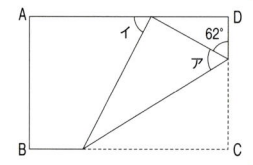

でるポイント

折り返した図形
→折り目に関して対称な図形が現れることに注目！

対称な図形があるときは等しい角が出現！

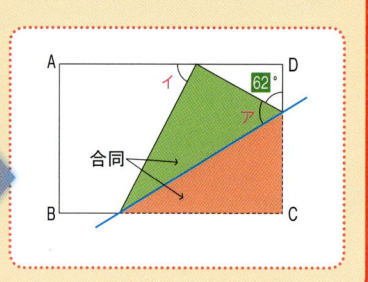

解き方

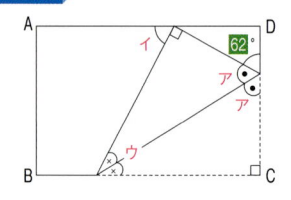

$$\text{ア} = (180° - 62°) \div 2 = 59° \cdots \text{答}$$

$$\text{イ} = \text{ウ} = (90° - 59°) \times 2 = 62° \cdots \text{答}$$

> **ボーナスポイント** 折り返した図形には，同じ大きさの角がある。折り目に関して対応する角は等しい。

平面図形編

入試ではこうでる

右の図は，長方形ＡＢＣＤの頂点Ｃが頂点Ａに重なるように折り曲げたものです。ア，イの角の大きさはそれぞれ ◻ °，◻ °です。

(愛知淑徳中)

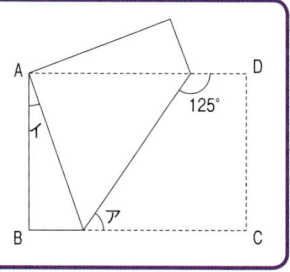

> 折り曲げた図形だから，合同な図形を見つけよう

解き方

ア ＝ [360]° − (125° + 90° × [2])
　　└ 四角形の内角の和から求めた

　＝ [55]° … **答**

折り返した図形だから，アのとなりの角は同じ大きさとなり，右の図の三角形ＡＢＥで角ＡＥＢは，
[180]° − 55° × 2 = 70°
└ 一直線の角は180°であることを利用

イ ＝ 180° − (90° + 70°)
　＝ 20° … **答**

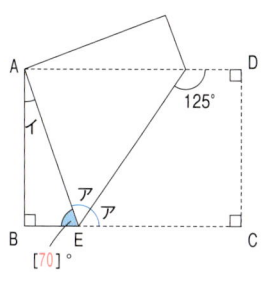

平面図形編　❸ 直角三角形の合同

でる順 3位　角の大きさ
長方形の対角線でできた三角形と角

こんな問題がでる！

右の図は，合同な正方形を12個並べたものです。アの角の大きさは□°で，イとウの角の大きさの和は□°です。

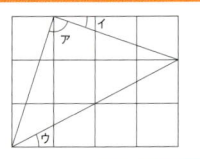

でるポイント

三角形の辺が長方形の対角線でできている
→合同な直角三角形をさがす！

早ワザマジック！

三角形で分割された角が
直角三角形の角に変身！

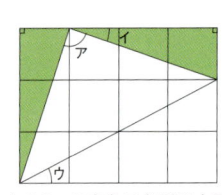

上の2つの直角三角形は合同

解き方

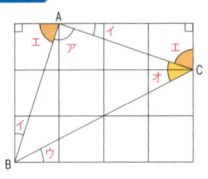

図より，イ+エ＝90°，
ア＝180°－(イ+エ)＝90°…答
よって，三角形ABCは直角二等辺三角形になるから，オ＝45°
イ+ウ＝90°－45°＝45°…答

> **ボーナスポイント** 合同な三角形を見つけると，直角二等辺三角形がうかび上がってくる。

平面図形編

入試ではこうでる

右の図の長方形について，角アと角イの和は □ °です。

（安田女子中）

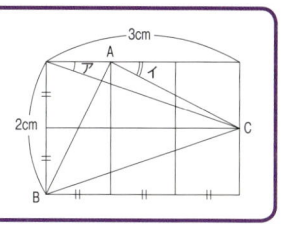

> 三角形ＡＢＣがどんな三角形になるかに，注目してみよう

解き方

右の図で，三角形ＡＢＤと三角形ＡＣＥは合同だから，ＡＢ＝ＡＣ，ウ＝イ，ウ＋エ＝イ＋エ＝90°だから，三角形ＡＢＣは直角二等辺三角形で，

オ＋カ＝[45]°

└ 直角二等辺三角形の直角でない角は45°

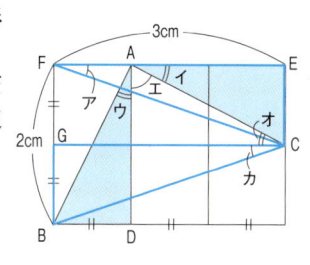

三角形ＥＦＣと三角形ＧＣＢは合同だから，ア＝カ
ＡＥとＧＣは平行なので，イ＝オ
ア＋イ＝カ＋オ＝[45]°…答

> 合同な三角形と平行線を利用しよう

平面図形編 ❶ 面積の比

でる順 4位 面積や辺の比
辺の比から四角形の面積を考える

こんな問題がでる！

右の図で、EFとBCは平行で、
AE：EB＝2：3、BD：DC＝3：7
のとき、台形EDCFの面積は三角形ABC
の面積の □ 倍である。

でるポイント

三角形ABC：三角形APQ
＝（ア×イ）：（ウ×エ）

三角形APQ＝三角形ABC×$\frac{ウ}{ア}$×$\frac{エ}{イ}$

三角形に分けると面積比が辺の比で求められる！

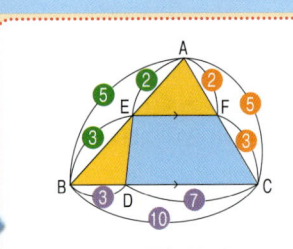

EFとBCは平行だから、
AF：FC＝AE：EB＝2：3

解き方

三角形ABCの面積を1とすると、三角形AEF＝$1 \times \frac{2}{5} \times \frac{2}{5} = \frac{4}{25}$、

三角形BDE＝$1 \times \frac{3}{5} \times \frac{3}{10} = \frac{9}{50}$

よって、台形EDCF＝$1 - \left(\frac{4}{25} + \frac{9}{50}\right) = \frac{33}{50}$（倍）…**答**

> **ボーナスポイント** 全体の面積を1として，辺の比から，全体の何倍かを調べる。

平面図形編

入試ではこうでる

右の図で，三角形ABCの3辺の長さは，AB = 10cm，BC = 9cm，CA = 8cmです。また，点D，E，Fはそれぞれ辺AB，BC，CA上の点です。BE = 6cm，CF = 4cmのとき，四角形BEFDの面積を三角形ABCの半分にするには，BDの長さを□cmにすればよいです。

(愛知淑徳中)

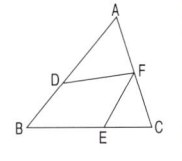

三角形ABCの面積を1として，三角形FECと四角形BEFDの面積を考えてみよう

解き方

BE : EC = 6 : (9−6) = 2 : 1
AF : FC = (8−4) : 4 = 1 : 1
三角形ABCの面積を1とすると，

三角形FECは，$1 \times [\frac{1}{3}] \times [\frac{1}{2}] = \frac{1}{6}$

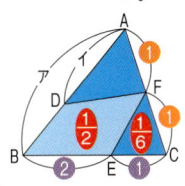

四角形BEFDの面積は三角形ABCの面積を$\frac{1}{2}$にするから，

三角形ADFは，$[1] - (\frac{1}{6} + \frac{1}{2}) = \frac{1}{3}$

よって，$1 \times \frac{イ}{ア} \times \frac{1}{2} = \frac{1}{3}$より，$\frac{イ}{ア} = \frac{2}{3}$

よって，BDの長さは，$10 \times (1 - \frac{2}{3}) = \frac{10}{3} (3\frac{1}{3})$ (cm) …**答**

平面図形編 ❶ 面積の比

でる順 4位 面積や辺の比
相似な三角形をふくむ平行四辺形

こんな問題がでる！

右の図で，四角形ABCDは平行四辺形である。また，EはADの，FはCDの真ん中の点である。このとき，四角形ABCDの面積は三角形APEの面積の□倍である。

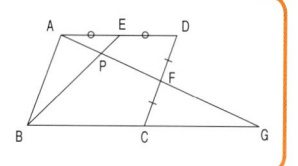

でるポイント

平行四辺形の向かい合う辺は平行
→平行線を利用して，合同や相似な三角形を見つける！

早ワザマジック！

辺の比が相似な三角形の面積の比に変身！

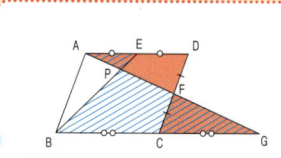

三角形ADFと三角形GCFは合同
三角形AEPと三角形GBPは相似

解き方

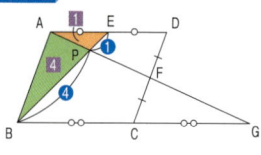

EP：BP＝AE：GB＝**1**：**4**

三角形APEの面積を**1**とすると，

三角形ABPの面積は**4**

三角形ABEの面積は**1**＋**4**＝**5**

四角形ABCDの面積は三角形ABE

の面積の4倍だから，三角形APEの**5**×4＝20（倍）…**答**

ボーナスポイント：相似な三角形から辺の比を求める→高さが共通な三角形の面積の比は底辺の比に等しい。

平面図形編

入試ではこうでる

右の図の平行四辺形ABCDで，AB = 12cm，AD = 18cm，DE = 8cmです。このとき，色のついた部分の面積と平行四辺形ABCDの面積の比を，最も簡単な整数の比で表すと，□ です。

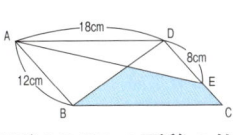

(鷗友学園女子中)

相似な三角形を見つけ，面積の比を考えてみよう

解き方

図の三角形OABと三角形OEDは相似で，
辺の比は，AB：ED = 12：8 = 3：2
面積の比は，(3×3)：(2×2) = [9]：[4]
三角形OABと三角形OADの面積の比は，
OB：OD = [3]：[2]

<u>底辺の比がそのまま面積の比になる</u>

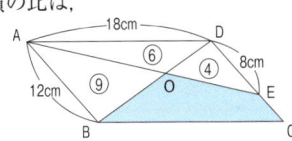

三角形OABの面積を9とすると，
三角形OADの面積は，$9 \times [\frac{2}{3}] = 6$

平行四辺形ABCDの面積は，
$(9+6) \times 2 = 30$

色のついた部分の面積は，
$[30] - (9 + 6 + [4]) = 11$

になるから，11：30 … **答**

面積の比と辺の比の対応を確認しよう

平面図形編

❷ 辺の比

でる順 4位 面積や辺の比
三角形の内部の線分の比

こんな問題がでる！

右の図の三角形ABCにおいて、AE：ED＝3：2，BD：DC＝3：2であるとき、AF：FCを最も簡単な整数の比で表すと、□である。

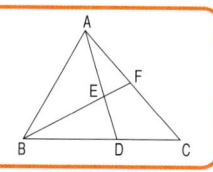

でるポイント

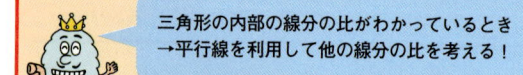

三角形の内部の線分の比がわかっているとき
→平行線を利用して他の線分の比を考える！

早ワザマジック！

2つの線分の比が補助線で1つに合体！

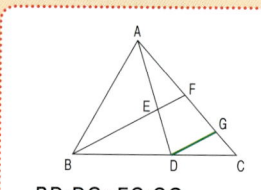

BD：DC＝FG：GC
AE：ED＝AF：FG
2つの比が辺ACで考えられる

解き方

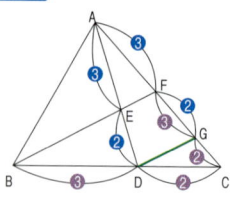

Dを通ってBFに平行な直線と辺ACが交わる点をGとすると、
FG：GC＝BD：DC＝③：②
AF：FG＝AE：ED＝③：②だから、
FG＝③とすると、AF＝$\frac{9}{2}$
よって、$\frac{9}{2}$：(③＋②)＝9：10…答

ボーナスポイント: 求める線分の比と等しい線分の比ができるように、平行線をひく。

平面図形編

入試ではこうでる

右の図のような三角形ABCでAD、BE、CFが点Gを通っています。また、BDとDCの長さの比は2：1、AEとECの長さの比は2：3です。このとき、AGとGDの長さの比を最も簡単な整数の比で表すと、□です。

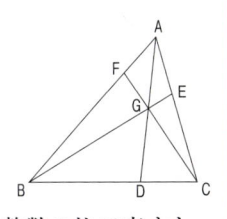

(慶應義塾中等部)

どんな平行線が有効になるかを考えてみよう

解き方

Dを通ってBEに平行な直線と辺ACが交わる点をHとすると、
EH：HC = BD：[DC] = 2：1
AE：EC = 2：3だから、
AE：EH：HC = [2]：[2]：[1]

AE＝2に対し、EC＝3が2：1の比に分けられる

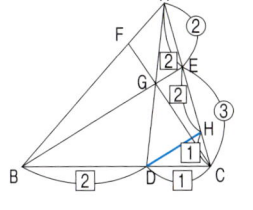

AE：EH = [2]：[2] = 1：1

AG：GD = AE：EH
 = [1]：[1] … 答

最も簡単な整数の比で表すことに注意しよう

難関校の問題にチャレンジ

神戸女学院中学部（兵庫）

問題

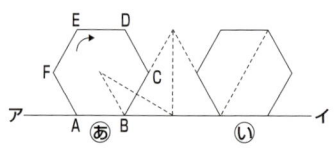

あの位置にある1辺が3cmの正六角形ABCDEFが図の↗の向きに直線アイ上をすべらずに，辺DEが直線アイに重なるいの位置まで回転します。円周率は3.14とします。
（1）頂点Aが動いてえがく線を図にかき入れなさい。
（2）辺ABの通過する部分の面積を求めなさい。

早ワザ理解

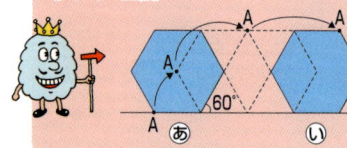

正六角形の1つの外角は60°なので，頂点Aは60°ずつ動いていく。

解答のポイント

① 点A，Bの動きに注目
点Aはどの点を中心にして動いているか，じっくり見ていきましょう。
（2）より，点Bの動きもあわせて観察しましょう。

② 作図に注意
図の中にていねいにかき入れましょう。
実際の入試では，コンパスを忘れないように持っていきましょう。

▶134

難関校の問題にチャレンジ

解答

(1) 頂点Aの動きは右の図のようになる。（青い部分）

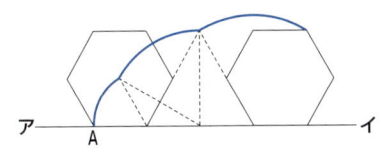

(2) 頂点Bも頂点Aと同じような動きをするので，頂点Bの動きも図にかき入れる。辺ABの通過する部分は，下の図の色のついた部分になり，この図から面積の等しい部分をひけば，求める面積は，半径6cm，中心角60°のおうぎ形の面積と等しくなるので，

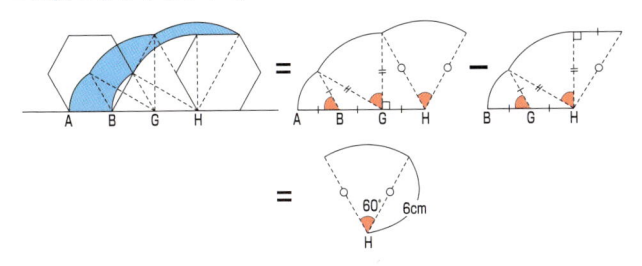

$$6 \times 6 \times 3.14 \times \left[\frac{60}{360}\right] = 18.84 (cm^2)$$

答 18.84cm²

(2)は等積変形を利用するのがカギ。まず，この「早ワザ」を思い出そう。

難関校の問題にチャレンジ

ラ・サール中学校（鹿児島）

問題

AB＝8cmの長方形ABCDを図のようにAEを折り目として折り曲げたとき、頂点Dが辺BC上の点Fのところに来て、CF＝2cmとなりました。このとき、次の問いに答えなさい。 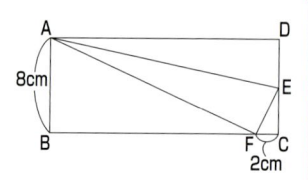
（2）の解答らんには答えだけでもかまいませんが図やと中の計算をかけばそれも採点します。
（1）三角形ABFと三角形FCEの面積の比を最も簡単な整数の比で表しなさい。
（2）辺BCの長さを求めなさい。

早ワザ理解

㋐で、●＋○＝90°
また、○＋△＝90°より、
●＝△
これより、㋐と㋑は3つの内角が等しいので相似。

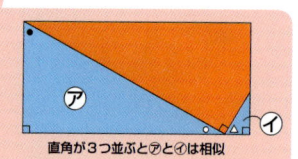

直角が3つ並ぶと㋐と㋑は相似

解答のポイント

① 折り返しの問題
　折り返しの問題は、折り返す前と後に注目し、同じ長さの辺や同じ大きさの角を見つけましょう。
② 計算過程も書いておこう
　解答らんに図をていねいに写し、考え方や計算を残しておきましょう。
　（1）は答えのみなので上記の「早ワザ理解」を知っていると答えはすぐに出てきます。

難関校の問題にチャレンジ

解答

（1）三角形ABFと三角形FCE
は相似になり，相似比は，
$8:2 = 4:1$
面積の比は，
$([4]×[4]):([1]×[1])$
$= 16:1$

（2）BF：CE ＝ AF：FE ＝ 4：1になるので，
BF ＝ ④，CE ＝ ❶，AF ＝ ▲4，FE ＝ ▲1とする。
AD ＝ AF ＝ ▲4，DE ＝ FE ＝ ▲1となるので，
CD ＝ ❶ ＋ ▲1 ＝ 8（cm）……あ
また，BC ＝ ADより，
④ ＋ 2 ＝ ▲4……いが成り立つ。
あを4倍すると，④ ＋ ▲4 ＝ 32（cm）
これといより，
④ ＋（④ ＋［2］）＝ 32（cm）
⑧ ＝ 30（cm）となる。
④ ＝ 30 ÷ 2 ＝ 15（cm）より，
BC ＝［15］＋［2］＝ 17（cm）

答　（1）16：1　（2）17cm

相似な三角形を見つけるのが，カギ。まず，この「早ワザ」を思い出そう。

おもしろ問題 センターラインの公式

問題

1辺の長さが6m, 8m, 10mの直角三角形の土地の周りに, 右の図のようにはば2mの道路がついています。道路の外側の曲線の部分は, 半径2mの円の一部です。このとき, 次の問いに答えなさい。円周率は3.14とします。

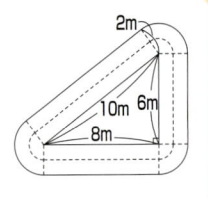

(1) 道路の真ん中を通って1周したとき, その道のりは何mですか。

(2) 道路の面積をAとし, (1)の道のりをBとしたとき, AとBの間にどんな関係がありますか。AとBを使って式で表しなさい。

［共立女子中］

解き方

(1) 道路の真ん中の直線の部分は, 三角形の辺の長さの和に等しいから, 10＋8＋6＝24(m)
曲線の部分は, 3つ合わせると半径1mの円周になるから,
$1 \times 2 \times 3.14 = 6.28$(m)
$24 + 6.28 = 30.28$(m)

(2) 直線の部分の長方形の面積の和は,
$24 \times 2 = 48$(m²)
曲線の部分の道路は, 3つのおうぎ形を合わせると半径2mの円になるから,
$2 \times 2 \times 3.14 = 12.56$(m²)
A＝48＋12.56＝60.56(m²)
B＝30.28(m)
よって, A＝B×2

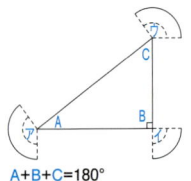

A＋B＋C＝180°
(ア＋A)＋(イ＋B)＋(ウ＋C)
＝180°×3＝540°
ア＋イ＋ウ
＝540°－180°＝360°

答 (1) 30.28m (2) A＝B×2

空間図形 編

- **でる順 1位** 容積 ……………………… 140
- **でる順 2位** 立体図形の体積と表面積 ……… 148
- **でる順 3位** 立体図形の切断 ……………… 154
- **でる順 4位** 展開図とその利用 …………… 158
- **難関校の問題にチャレンジ** ……………… 166
- **おもしろ問題** ……………………………… 168

空間図形編 ❶容積

でる順 1位 容積
組み合わせた立体と水の量の関係

こんな問題がでる！

右のような直方体から三角柱を切り取った容器(ア)がある。この容器の直方体の部分まで水を入れたところで容器にふたをして、逆さまにしたら(イ)のようになった。この水の体積は □ cm³である。

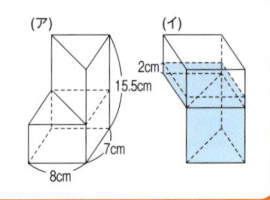

でるポイント

水を入れた部分の形が複雑なとき
→水の入っていない部分に着目する！

容器に入っている水が断面図に変身！

しゃ線部分の体積が同じ

解き方

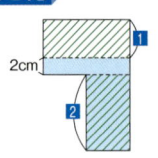

直方体と三角柱の底面積の比が2：1より、図のように逆さまにしたときの水の入っていない部分の高さを①とすると、三角柱の高さは②である。

①＋2＋②＝15.5(cm)、①＝4.5(cm)

よって、7×8×(4.5＋2)＝364(cm³)…答

ボーナスポイント: 水の入っている部分の体積か，水の入っていない部分の体積か，使い分ける。

空間図形編

入試ではこうでる

立方体から直方体を切り取って作った容器(図1)に水を入れて，ふたをしました。図2のように，45度かたむけたところ，色のついた部分まで水が入っていました。容器に入っている水は， □ cm³ です。

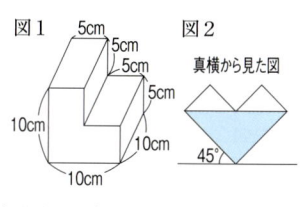

(関西大学第一中)

真横から見た図をうまく利用しよう

解き方

真横から見た図で水の入っている部分は，
1辺の長さが10cmの正方形の半分だから，
その面積は，

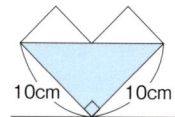

[10]×[10]÷2 = 50(cm²)

これを底面積とみて体積を計算する

容器のおく行きは[10]cmだから，水の体積は，

[50]×[10] = 500(cm³) …**答**

真横から見た水の入っている面は直角二等辺三角形だね

空間図形編　② 水深の変化

でる順 1位　容積
段差のある水そう

こんな問題がでる！

図1のような，直方体を組み合わせた形の水そうがある。この水そうに毎分3Lの割合で水を入れたとき，入れ始めてからの時間と底面Aから測った水の深さの関係が図2のようなグラフになった。このとき，グラフのア，イ，ウにあてはまる数は，順に □，□，□ である。

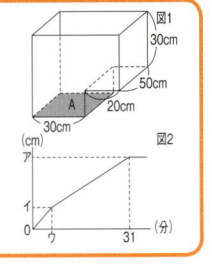

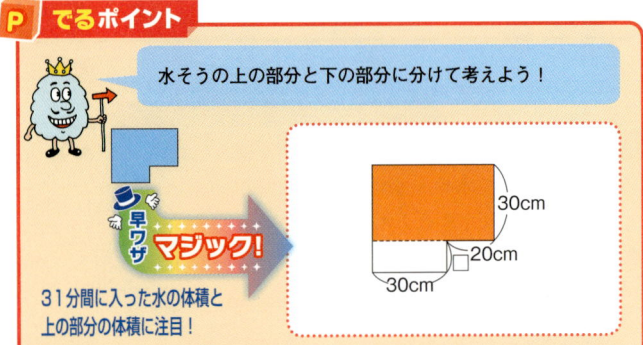

でるポイント

水そうの上の部分と下の部分に分けて考えよう！

早ワザマジック！

31分間に入った水の体積と上の部分の体積に注目！

解き方

31分で満水だから，水そうの容積は，3000×31＝93000(cm³)
水そうの上の部分の容積は，(30＋20)×50×30＝75000(cm³)
下の部分の容積は，93000－75000＝18000(cm³)
よってウは，18000÷3000＝6(分)…答
イは18000÷(30×50)＝12(cm)…答
アは12＋30＝42(cm)…答

▶142

> **ボーナスポイント** 段差のある水そうは，段差の所で上と下に分けて考えよう。

空間図形編

入試ではこうでる

図のような水そうに，毎分一定量の水を注ぎます。このとき一番深いところで測った水の深さと，水を入れ始めてからの時間との関係を，下のグラフに表しました。

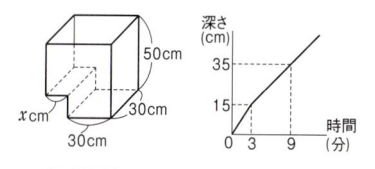

このとき次の □ にあてはまる数を入れなさい。

(1) 水を毎分 □ L注いでいます。
(2) 図の x で表されている長さは □ cmです。

(学習院中等科・改)

解き方

(1) グラフより，水そうの下の部分の容積は，
$30 \times 30 \times [15] = 13500 (cm^3)$
これを3分で入れるので
$13500 \div [3] = 4500 (cm^3)$ → 毎分4500cm³ → 毎分4.5L …答

(2) 9分後の水そうには35(cm)まで水が入っているので，6分間で，$35 - 15 = 20(cm)$水が入ったことになる。底面積は，
$4500 \times [6] \div [20] = 1350 (cm^2)$
よって，$1350 \div 30 - [30] = 15 (cm)$ …答

| 空間図形編 | ❷ 水深の変化 |

でる順 1位 容積
2つの管がある水そう

こんな問題がでる！

深さが50cmの直方体の形をした水そうがある。この水そうに、はじめA管だけで水を入れ、その後B管も開いて2つの管で水を入れた。右のグラフは、このときの水を入れ始めてからの時間と、水そうの水の深さの関係を表したものである。水の深さが35cmになるのは、水を入れはじめてから□分後である。

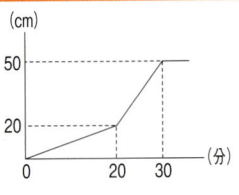

でるポイント

グラフの中に相似な三角形をつくって考えよう！

早ワザマジック！

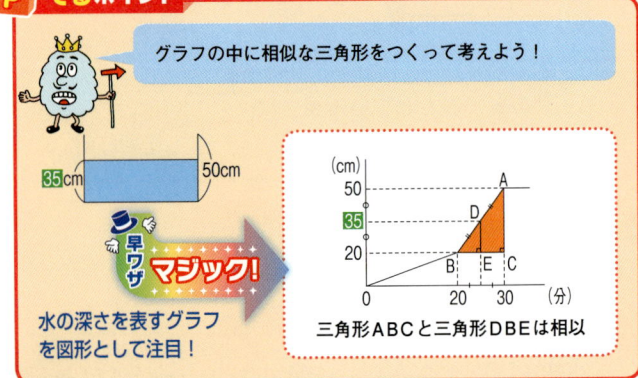

水の深さを表すグラフを図形として注目！

三角形ABCと三角形DBEは相似

解き方

三角形ABCと三角形DBEは相似で、
$(50-20):(35-20) = 30:15 = 2:1$
より、20分後と30分後のちょうど真ん中で35cmになる。
よって、**25(分後)**…答

> **ボーナスポイント** グラフを図形的にとらえ，相似な三角形をつくると，簡単に解けることがある。

空間図形編

入試ではこうでる

毎分一定の量の水を入れるA管，B管と，水を出すC管がついている水そうがあります。右のグラフは，はじめA管だけを開き，10分後にB管を開き，その後A管だけを閉じてC管を開いたときの水そうの水の量の変化を表したものです。このとき，水そうの水がなくなるのは，A管を開いて □ 分後です。

（熊本マリスト学園中・改）

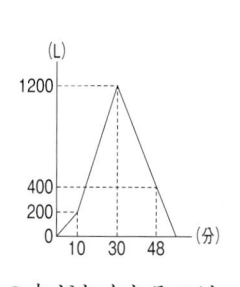

> 相似な三角形が見えるかな？

解き方

右の図で，三角形ABCと三角形DECは相似。
AB：DE＝1200：400＝3：1より，
BC：EC＝[3]：[1]
よって，
EC＝(48－30)÷([3]－[1])
　　＝9
これより，
[48]＋9＝57(分後)…**答**

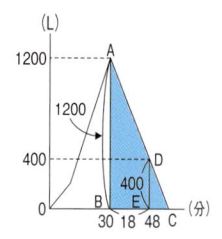

145

空間図形編 ❷ 水深の変化

でる順 1位 容積
しきりのある水そう

こんな問題がでる！

図のような，しきりのある直方体の形をした水そうがあり，しきりの左側から一定の割合で水を入れていく。グラフは水を入れ始めてからの時間としきりの左側の部分の水の深さの関係を表したものである。ア，イは，順に □，□ である。

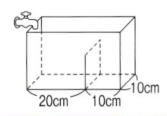

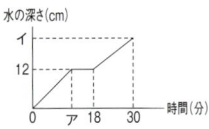

でるポイント

毎分1の割合で水が入っていくとして，水が入る部分を面積で考える！

12cmの深さまで入っている水の量はしきりで **2：1** に分けられる

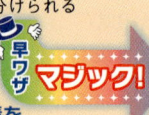

早ワザマジック！

水の体積を割合で考える！

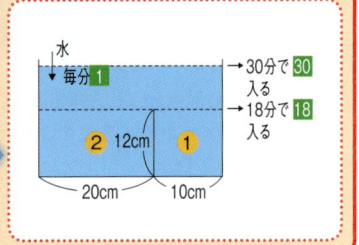

- 30分で **30** 入る
- 18分で **18** 入る
- ② 12cm ①
- 20cm 10cm
- 水 毎分1

解き方

20cm：10cm＝**2**：**1** より，**18** をこの比で分けると，
18 ÷（**2**＋**1**）×**2**＝**12** よって，ア＝12 …答

また，深さ12cmまでに入った水の体積と全体の体積の比は，
18：**30**＝3：5 よって，12÷3×5＝20(cm)で，イ＝20 …答

> **ボーナスポイント** 入った水の量は時間に比例するので，比を利用して求める。

空間図形編

入試ではこうでる

図のような2枚の板でしきられた容器がいっぱいになるまで水を注ぎます。グラフは，毎秒一定の割合で水を⑦の部分に注ぐとき，入れ始めてからの時間と①の部分の水面の高さを表しています。⑦と①と⑦の部分の底面積の比を最も簡単な整数の比で求めなさい。

(海城中・改)

> 50秒間は⑦の部分に水が入っている

解き方

それぞれの部分の水面の高さが等しくなるまでにかかる時間をグラフから読みとる。

①：⑦ = (125 − 50) : 50 = 75 : 50 = 3 : 2

⑦：(①+⑦) = (260 − [200]) : 200
　　　　　　 = 60 : 200 = 3 : 10

①+⑦が10，①：⑦ = 3 : 2 より，

①は [10] ÷ (3 + 2) × 3 = [6]

⑦は [10] ÷ (3 + 2) × 2 = [4]

よって，⑦：①：⑦ = 3 : [6] : [4] … **答**

> 時間の比と水の量の比は同じ

空間図形編　**① 立体のくりぬき**

でる順 2位 立体図形の体積と表面積
立方体・直方体の組み合わせ

こんな問題がでる！

右の図のように，立方体から直方体をくりぬいた立体の体積は □ cm³ である。

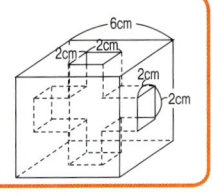

でるポイント

くりぬいた立体
→直方体と立方体に分けて考える！

早ワザマジック！

くりぬいた立体が，中心の立方体をひいた形に変身！

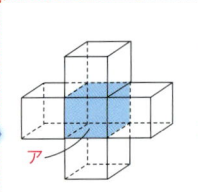

2つの直方体から，重なっている立方体アをひく

解き方

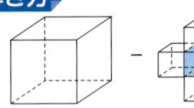

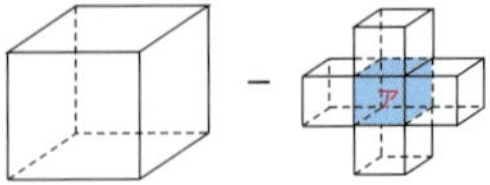

縦・横にくりぬいた直方体の体積は，それぞれ，
2×2×6＝24(cm³)
縦・横で重なっている部分アは立方体で，その体積は，2×2×2＝8(cm³)
求める体積は，6×6×6−(24×2−8)＝176(cm³)…答

ボーナスポイント: くりぬいた立体は直方体を組み合わせたもの。縦, 横, 高さ(おく行き)の3方向の長さを確認する。

空間図形編

入試ではこうでる

右の図の立体は, 3辺の長さが8cm, 5cm, 10cmである直方体の各面から, 長方形の形の穴をくりぬいたものです。ただし, 穴は向かいの面までつき通っています。このとき, この立体の体積は □ cm³です。

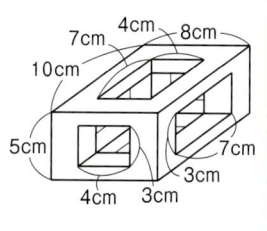

(愛知教育大附属名古屋中)

解き方

重なっている立体の体積を求めよう

くりぬいた立体で重なっている立体の体積は, 右の図の,
$3 \times 4 \times 7 = 84 (cm^3)$
上下, 左右, 前後にくりぬいた直方体の体積はそれぞれ,
$7 \times 4 \times 5 = 140 (cm^3)$
$3 \times 7 \times 8 = 168 (cm^3)$
$3 \times 4 \times 10 = 120 (cm^3)$
よって, 求める体積は,
[10] × [8] × 5 − {(140 + 168 + 120) − 84 × [2]}
= 140(cm³) … **答**

重なっている立体2つ分

空間図形編　❶ 立体のくりぬき

でる順 2位 立体図形の体積と表面積
立体に穴をあけた場合の表面積

こんな問題がでる！

右の図は、立方体に反対側まで穴をあけた立体である。このときの表面積は □ cm² である。

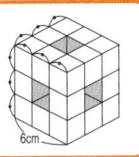

6cm

でるポイント

立方体は上下（左右・前後）で対称な図形
→反対側まで穴をあければ対称な図形のまま！

マジック！

穴のあいた立方体は対称性を利用して1面に注目！

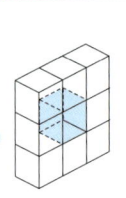

1面には1辺2cmの正方形が8個、中央の穴の部分には1辺2cmの正方形が4個ある

解き方

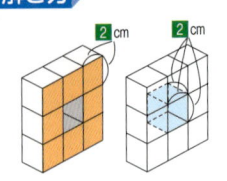

同じ形の面が6つあり、その面積は、
$2 \times 2 \times 8 \times 6 \,(cm^2)$
穴の部分は1つが1辺2cmの正方形4個ででき、それが6組あるので、面積は、
$2 \times 2 \times 4 \times 6 \,(cm^2)$
求める表面積は、
$2 \times 2 \times 8 \times 6 + 2 \times 2 \times 4 \times 6$
$= 2 \times 2 \times 6 \times (8+4) = 288 \,(cm^2)$ … 答

ボーナスポイント

穴をあけると面積が減った部分があり，増えた部分もある。

空間図形編

入試ではこうでる

1辺の長さが20cmの立方体から，底面が正方形の四角柱をくりぬいて，右図のような立体アを作ります。立体アのすべての面の面積をたすと □ cm² です。

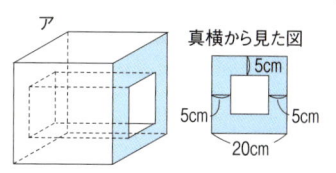

真横から見た図：5cm，5cm，5cm，20cm

（女子学院中）

解き方

表面から減った部分と，穴にできた新しい面を考えよう

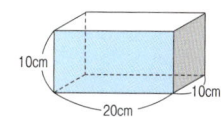

くりぬかれて表面から減った部分は，1辺が10cmの正方形で，それが2面あるので，面積は，
$10 \times 10 \times [2] = 200 (cm^2)$

くりぬかれてできた面は，同じ形の長方形が4枚あり，その面積は，
$[10] \times 20 \times [4] = 800 (cm^2)$

（立方体の内部にできた面の面積の合計）

よって，求める面積は，
$20 \times 20 \times 6 - [200] + [800]$
$= 3000 (cm^2)$ …**答**

立体をくりぬくと，新しい面ができることに注意しよう

空間図形編　2 円柱を3分割した立体

でる順 2位 立体図形の体積と表面積
円柱の一部分の体積を求める

こんな問題がでる！

右の図は、円柱を切断した立体である。
この立体の体積は □ cm³ である。

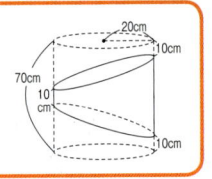

（図：20cm、10cm、70cm、10cm、10cm）

でるポイント

切断した立体の体積を求めるとき
→切断する前の立体を考えてみる！

早ワザマジック！

切断された立体を
円柱の体積で求める！

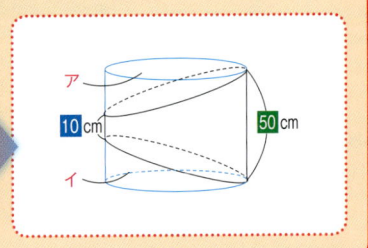

（図：ア 10cm、イ、50cm）

解き方

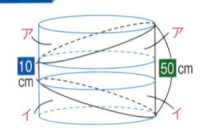

アとイを2倍して合わせたものは、高さが $50-10=40$ (cm) の円柱になるので、
アとイを合わせた体積は、
$$20 \times 20 \times 3.14 \times 40 \div 2$$
$$= 25120 (cm^3)$$

求める体積は、高さ 50 cm の円柱からア＋イをひいて、
$$20 \times 20 \times 3.14 \times 50 - 25120 = 37680 (cm^3) \cdots 答$$

ボーナスポイント
円柱をななめに切った立体は、同じものを2つくっつけると円柱になる。

空間図形編

入試ではこうでる

底面の半径が10cm、高さが60cmの円柱があります。この円柱を図のようにアとイとウの3つの立体に分けたとき、最も体積の大きい立体の体積は □ cm³です。ただし、切り口はすべて平らな面になっています。

(京都女子中)

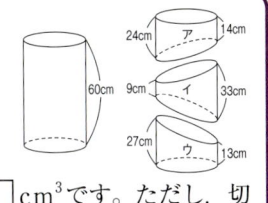

どんな図形を組み合わせれば体積が求められるか考えよう

解き方

体積を変えずに円柱の形にし、高さで比べる。
アとウは、同じものを2つ合わせると円柱ができるから、高さは、
ア：$(24+14) \div [2] = 19$
ウ：$(27+13) \div [2] = 20$
イは、もとの円柱からアとウをひいて、
$60 - (19 + [20]) = 21$

└ イは、直接求めるのではなく、アとウをひけばよい

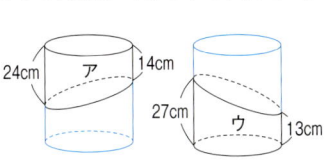

最も大きいのはイで、体積は、
$10 \times 10 \times 3.14 \times 21$
$= 6594 (cm^3)$ …答

| 空間図形編 | ❶ 立体の切り口 |

でる順 3位 立体図形の切断
立方体を切断してできる面

こんな問題がでる！

右の図のように同じ大きさの立方体が27個積んである。3点A, B, Cを通る平面でこの立体を切断したとき，合計で□個の立方体が切られる。

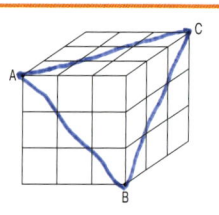

でるポイント

立体を切断したとき
→線をひいて切断面の形を確認する！

早ワザマジック！
立体上の切断面が平面上の多角形に変身！

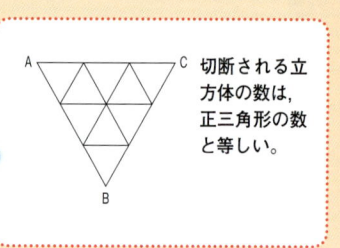

切断される立方体の数は，正三角形の数と等しい。

解き方

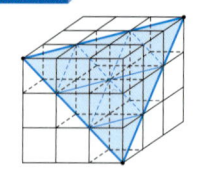

切断面は図のような正三角形になる。
各段で切られる立方体の数を数えると，
上から順に5個，3個，1個だから，
□は
5 + 3 + 1 = 9（個）… **答**

ボーナスポイント: 立方体の辺上の3点を通る切り口には三角形，四角形，五角形，六角形の場合がある。

空間図形編

入試ではこうでる

右の図の立方体で，I，J，Kは，それぞれ辺AB，BF，FGの真ん中の点です。この立方体を，3点I，J，Kを通る平面で切るとき，切り口の形は□□になります。

（立正中）

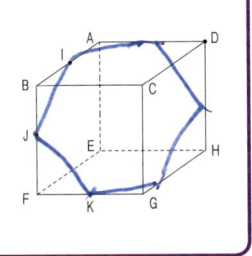

> 向かい合う平行な面には平行な切り口が現れるよ

解き方

3点I，J，Kを通るから，まず立体の表面上でこの3点を結ぶ線をひく。
次に，たがいに平行な向かい合っている面には，たがいに平行な切り口が現れるから，右の図のように，IJに対して平行なLM，JKに対して平行な[MN]をひき，上下の面に現れる線も平行になるようにひくと，図のような正[六]角形になる。… **答**

└ 立方体の6面すべてを通る切り口になる

> 切り口の線は，すべて面上にあることに注意しよう

空間図形編 ② ななめに切断された立体

でる順 3位 立体図形の切断
いくつかの方向から見た立体

こんな問題がでる！

1辺の長さが6cmの立方体をある平面で切り取った残りの立体を真上から見たのが図A，正面から見たのが図Bである。この立体の体積は □ cm³である。

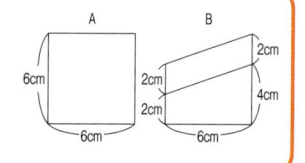

でるポイント

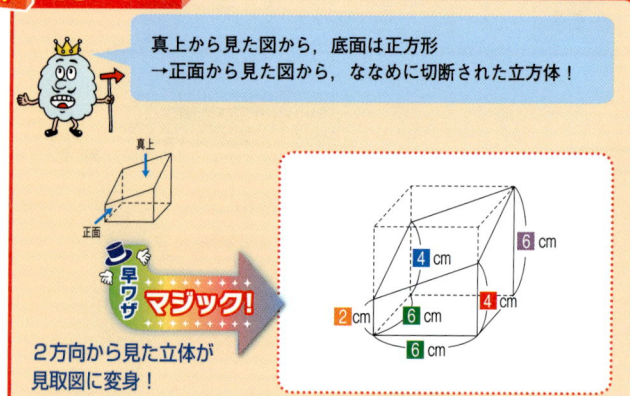

真上から見た図から，底面は正方形
→正面から見た図から，ななめに切断された立方体！

2方向から見た立体が見取図に変身！

解き方

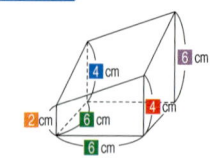

図のような立体であることがわかる。同じ立体を逆さにして重ねると，高さ8cmの直方体ができるから，求める体積は，

6×6×8÷2＝144(cm³)…答

ボーナスポイント: 同じ立体を逆さにして重ねると円柱ができる。その半分の体積は？

空間図形編

入試ではこうでる

右の図は、底面の半径10cm、高さ20cmの円柱をななめに切ったものです。この立体の体積は □ cm³ です。
ただし、円周率は3.14として計算しなさい。 （城西川越中）

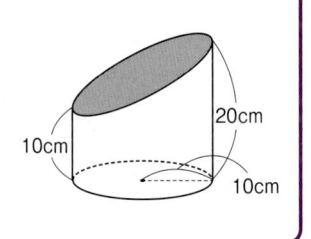

> 同じ立体を2つ合わせて考えてみよう

解き方

右の図のように、同じ立体を逆さにして重ねると、高さ30cmの円柱ができる。
求める体積は、
10 × 10 × 3.14 × [30] ÷ [2]
└ 高さ30cmの円柱を2等分したもの

= 4710（cm³）…**答**

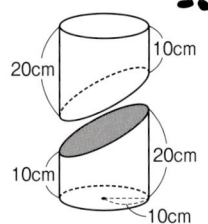

空間図形編　❶ 展開図

でる順 4位 展開図とその利用
組み立てた立体の体積

こんな問題がでる！

右の展開図からできる立体の体積は □ cm³である。ただし，円周率は3.14とする。

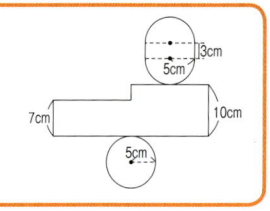

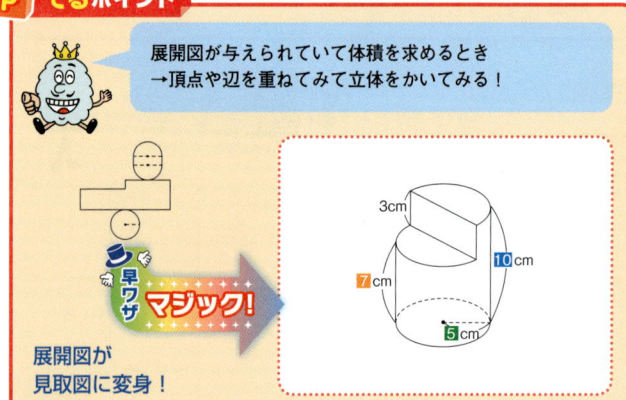

でるポイント

展開図が与えられていて体積を求めるとき
→頂点や辺を重ねてみて立体をかいてみる！

早ワザ マジック！
展開図が見取図に変身！

解き方

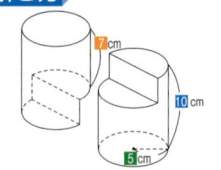

同じ立体を逆さにして重ねると，高さ17cmの円柱ができる。

$5 \times 5 \times 3.14 \times (10 + 7) \div 2$
$= 667.25 (cm^3)$ …答

ボーナスポイント
どんな立体ができるか，見取図をかいて，想像してみる。

空間図形編

入試ではこうでる

右の展開図を組み立ててできる立体の体積は □ cm³ です。
（筑波大学附属中）

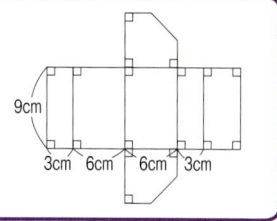

底面の形や面積，高さがいくらになるかを図から見つけよう

解き方

この展開図を組み立てると，底面が五角形で，高さが9cmの五角柱になる。

底面積は，右の図のように長方形と台形に分割して考えると，

$6 \times [3] + (3 + 6) \times [3] \div 2 = 31.5 (\text{cm}^2)$

└ 底面積がわかれば，あとは高さをかけるだけ

求める体積は，

$31.5 \times [9] = 283.5 (\text{cm}^3)$ …**答**

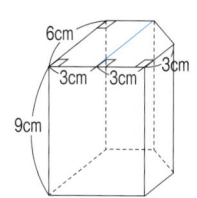

底面積の求め方を工夫しているところに注意しよう

空間図形編 ① 展開図

でる順 4位 展開図とその利用
立方体を展開図から組み立てる

こんな問題がでる!

図は,底面が2重にはり合わされている立方体である。ア～オを組み立てたとき,色のついた部分が底面となるものを記号ですべて選ぶと □ である。

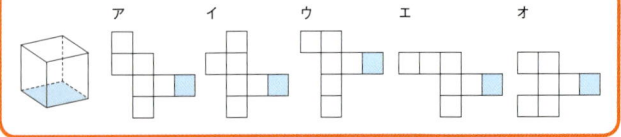

ア　イ　ウ　エ　オ

でるポイント

立方体の展開図として正しいかどうかを調べる!

7面ある展開図を立方体の展開図で考える!

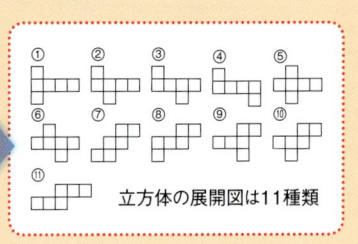

早ワザマジック!

① ② ③ ④ ⑤
⑥ ⑦ ⑧ ⑨ ⑩
⑪　立方体の展開図は11種類

解き方

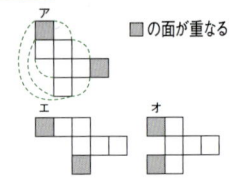

■ の面が重なる

2重にはり合わされる面は除き,左の図のアのように,重なる頂点を結んでみると,エとオでは指定外の面が重なり合ってしまうことがわかる。
求める展開図は,ア,イ,ウ…**答**

> ボーナスポイント 重なる頂点，辺をさがして，展開図を組み立ててみよう。

空間図形編

入試ではこうでる

図のように，立方体に文字が3つかかれています。この立方体の展開図として正しいものを次のア～オの中から1つ選び，記号で答えなさい。

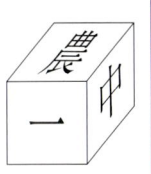

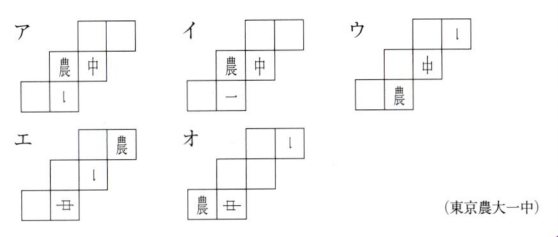

ア　イ　ウ　エ　オ

（東京農大一中）

> 重なる頂点を結んで考えよう

解き方

図のように，重なる頂点を結ぶと，重なり合う辺がわかる。

3つの文字の向きに注意しよう。農に対して，アは[一]と[中]，イとエは[中]，オは[一]の向きが違う。よって，ウが正解… **答**

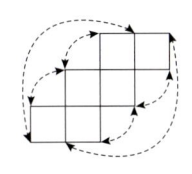

> 文字の方向に気をつけよう

空間図形編　❶ 展開図

でる順 **4位**

展開図とその利用
展開図から求める円すいの表面積

こんな問題がでる!

右の図のような円すいについて，側面の展開図でおうぎ形の中心角を求めると◻︎°である。また，表面積は◻︎cm²である。ただし，円周率を3.14とする。

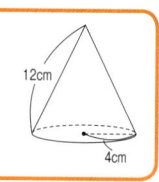

（円すい：母線12cm，底面の半径4cm）

でるポイント

円すいの側面は，展開図にするとおうぎ形になる
→中心角は底面の半径と母線で決まる！

早ワザマジック！
円すいの側面のようすが半径と母線でわかる！

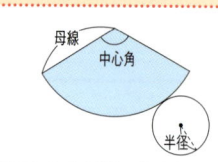

側面のおうぎ形の中心角，面積は，

中心角 ＝ 360° × $\dfrac{底面の半径}{母線}$

面積 ＝（母線）×（底面の半径）×3.14

解き方

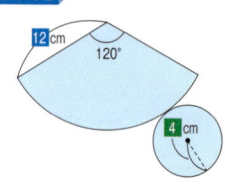

（展開図：母線12cm，中心角120°，底面の半径4cm）

中心角は，

$360° × \dfrac{4}{12} = 120°$ …答

表面積＝（側面積）＋（底面積）だから，

12 × 4 × 3.14 ＋ 4 × 4 × 3.14
＝ 200.96（cm²）…答

ボーナスポイント: 円すいの側面積は、「(母線)×(底面の半径)×(円周率)」
側面の中心角は、「$360° \times \dfrac{底面の半径}{母線}$」

空間図形編

入試ではこうでる

円すいを図のように横にして、すべらないように転がしたところ、半径17cmの点線の円上を1周するのに、円すいは2と$\dfrac{1}{8}$回転しました。円すいの底面の半径は□cmです。ただし、円周率を3.14とします。

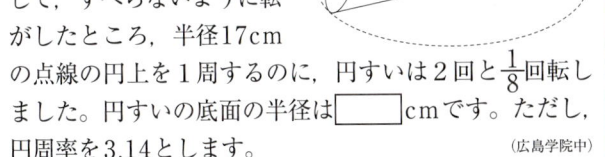

(広島学院中)

> 回転数から側面積を考え、何が母線にあたるのかに注目しよう

解き方

円すいの側面が、半径17cmの円の面を$2\dfrac{1}{8}$回転しているから、円すいの側面積は、

$17 \times 17 \times 3.14 \div 2\dfrac{1}{8}$

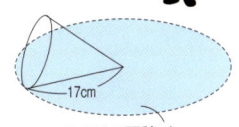

$= 17 \times 3.14 \times [8]$ (cm²)

(円すいの側面積)=(母線)×(底面の半径)×3.14
で、母線は[17]cmだから、

└─ 母線が転がってできた円の半径になっている

底面の半径は、
$[17] \times 3.14 \times 8 \div [17] \div 3.14$
$= 8$ (cm) … **答**

> この円の面積が、円すいの側面積の$2\dfrac{1}{8}$倍

空間図形編 ② ひもの巻きつけ・最短きょり

でる順 4位 展開図とその利用
円すいの側面上を通る最短きょり

こんな問題がでる！

右の図のような円すいで，底面の円周上の点Aから糸を側面上で1周させた。この糸が最も短くなるときの長さは □ cmである。

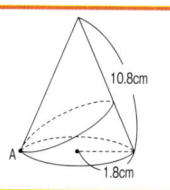

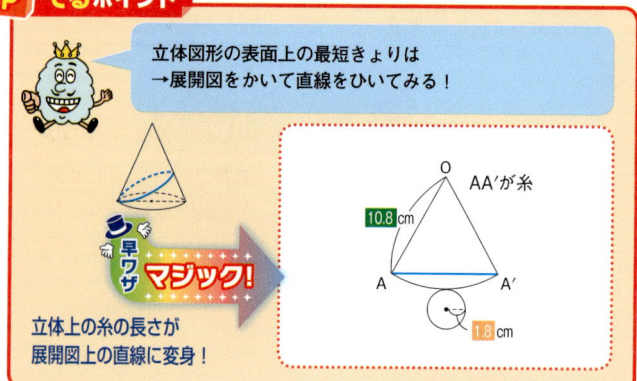

（母線 10.8cm，底面の半径 1.8cm）

でるポイント

立体図形の表面上の最短きょりは
→ 展開図をかいて直線をひいてみる！

AA'が糸
10.8 cm
1.8 cm

立体上の糸の長さが展開図上の直線に変身！

解き方

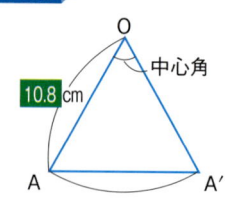

図のAA'が最短きょりとなる。

$$中心角 = 360° × \frac{底面の半径}{母線}$$

$$= 360° × \frac{1.8}{10.8} = 60°$$

三角形OAA'は正三角形になるから，
AA' = OA = 10.8(cm) … 答

ボーナスポイント

最短きょりは展開図上では直線になる。展開図上にできる三角形の形を調べてみよう。

空間図形編

入試ではこうでる

2つの円すいがあります。円すいに底面の1点Aより長さが最も短くなるように糸を巻きつけました。

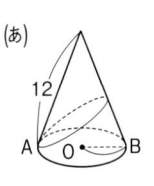

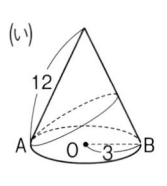

(あ) (い)

(1) 円すい(あ)では糸の長さが母線と同じ12cmになりました。底面の円の半径OBは□cmです。

(2) 円すい(い)では底面の円の半径OBが3cmです。糸より下の部分の側面積は□cm²です。 (南山中男子部)

> 最短きょりは，展開図にして考えよう

解き方

(1) 右の図で，三角形ACA'は正三角形。

$\angle ACA' = [60]°$

よって，$60° = [360]° \times \dfrac{OB}{12}$

$OB = 2 (cm)$ … 答

(2) 側面の中心角は，

$360° \times \left[\dfrac{3}{12}\right] = 90°$

よって，しゃ線部分の面積は，

$12 \times 12 \times 3.14 \times \dfrac{90}{360} - [12] \times [12] \div 2$

　　　　　　　　　　　　　　直角三角形ACA'の面積

$= 41.04 (cm^2)$ … 答

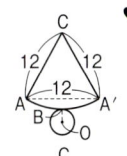

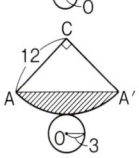

> (2)で，三角形ACA'は直角二等辺三角形だよ

難関校の問題にチャレンジ

女子学院中学校（東京）

問題

図のように，縦30cm，高さ20cmの水そうの底に，縦30cmの鉄でできた直方体が2本置いてあります。グラフはこの水そうに一定の割合で水を入れたときの，時間と水面の高さとの関係を表しています。

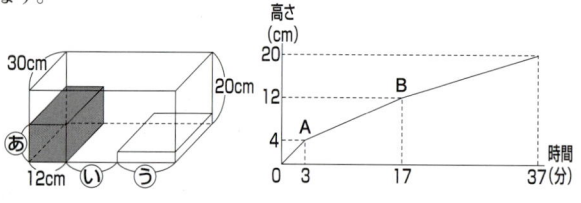

図の㋐の長さは ☐ cm，㋑の長さは ☐ cm，㋒の長さは ☐ cmです。

早ワザ理解

水そうを正面から見て，水の量を面積でとらえる。1分間に入った水の量を1とすると，3分間に入った水の量は3となる（右図）。このようにして，長方形の面積から横の長さの比を考えよう。

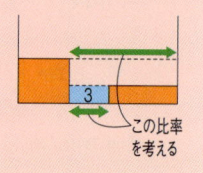

解答のポイント

① グラフを読みとろう
　A…右の鉄の高さまで水が満たされた状態
　B…左の鉄の高さまで水が満たされた状態
② 解答らんに答えのみ記入
　らんが多いので，記入場所をまちがえないように注意しましょう。

難関校の問題にチャレンジ

解答

グラフよりあは12cm，右側の直方体の高さは4cmである。1分間に入った水の量を1とすると，右上の図で，㋐，㋑，㋒の面積はそれぞれ
[3]，[14]，[20]
となる。
㋑の高さが，
$12 - 4 = 8$ (cm)
㋒の高さが，
$20 - 12 = 8$ (cm)
だから，(㋑の横の長さ)：(㋒の横の長さ)＝14：20＝7：10
この差が[12](cm)なので，
(㋑の横)＝$12 \div ([10] - [7]) \times 7 = 28$ (cm)
(㋐の横)：(㋑の横)＝$(3 \div 4) : (14 \div 8) = 3 : 7$
よって，
(㋐の横)＝$28 \div 7 \times 3 = 12$ (cm)…い
また，うは，
$28 - 12 = 16$ (cm)

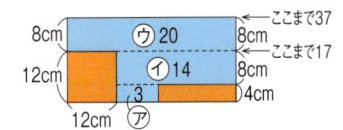

答 あ12　い12　う16

> 1分間に入る水の量を1とするのがカギ。まず，この「早ワザ」を思い出そう。

おもしろ問題　複雑な立体

問題　右の展開図からできる立体の体積を求めなさい。ただし，円周率は3.14とします。

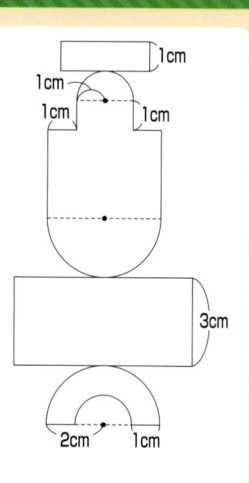

解き方　展開図を組み立てると，右の図のようになる。
大小2つの円柱を縦に2等分した立体だから，
その体積は，
$(1 \times 1 \times 3.14 \times 1$
$+ 2 \times 2 \times 3.14 \times 3) \div 2$
$= 6.5 \times 3.14 = 20.41 (cm^3)$

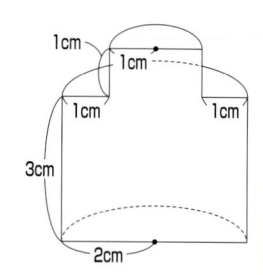

答　20.41 cm³

注目問題 編

- **でる順 1位** 3つ以上の量の関係 ……………… 170
- **でる順 2位** もとにする量と比べられる量 …… 172
- **でる順 3位** かけ算の筆算 …………………… 174

注目問題編　❶ 単位のかん算

でる順1位 3つ以上の量の関係

こんな問題がでる！

1ドルは108円である。また，1ユーロは128円である。
54ユーロは□ドルである。

でるポイント

3つ以上の量の単位のかん算は計算を上手にする
→と中は式のままでかん算していく！

1ユーロ128円より54ユーロは
$128 \times 54 = 6912$（円）…①
1ドル108円より6912円は
$6912 \div 108 = 64$（ドル）…②

順番に計算するが…
と中，計算しないで考える

早ワザ マジック！

①，②と順番に計算せずに，まとめて計算する。

$$54 \text{ユーロ} = \frac{128 \times 54}{108} \text{ドル}$$

ここで，約分する。

解き方

$54(\text{ユーロ}) = 128 \times 54$（円），1ドル$= 108$円より，

$$\begin{aligned}
54(\text{ユーロ}) &= 128 \times 54 \div 108 \quad \text{← 計算しないで分数の形に}\\
&= \frac{128 \times 54}{108}\\
&= \frac{128 \times \overset{1}{54}}{\underset{2}{108}} \quad \text{← 約分する}\\
&= \frac{\overset{64}{128} \times 1}{\underset{2}{2}} = 64 \,(\text{ドル}) \cdots \text{答} \quad \text{← さらに約分する}
\end{aligned}$$

ボーナスポイント と中計算はできるだけ最後までしないですます工夫をしてみよう。

注目問題編

入試ではこうでる

ある国では長さの単位としてマイルやフィートを用いています。時速60マイルで走る車は，1秒間に88フィート進みます。また4000マイルは6437kmです。16フィートは □ mです。小数第2位を四捨五入して，小数第1位まで答えなさい。

(六甲中)

> まずは，時速を分速に直そう

解き方

時速60マイルを分速に直すと，$60 \div 60 = 1$（マイル），
秒速88フィートを分速に直すと，88×60（フィート）
よって，1（マイル）＝[88]×[60]（フィート）
また，4000（マイル）＝6437（km）＝6437000（m）

1（マイル）$= \dfrac{6437}{4}$（m）より，88×60（フィート）$= \dfrac{6437}{4}$（m）

1（フィート）$= \dfrac{6437}{4} \div (88 \times 60) = \dfrac{6437}{4 \times 88 \times 60}$（m）

16（フィート）$= \dfrac{[6437] \times [16]}{[4] \times [88] \times [60]} = \dfrac{6437 \times 16^{\,4^{\,1}}}{\underset{1}{4} \times \underset{22}{88} \times 60}$

$= 6437 \div (22 \times 60)$
$= 4.87\cdots \fallingdotseq 4.9$（m）$\cdots$ **答**

└ 小数第2位を四捨五入

注目問題編　❶ 百分率

でる順 2位　もとにする量と比べられる量

こんな問題がでる！

水が氷になるとき，その体積が11分の1だけ増えるとする。では，氷が水になるとき，その体積は□％減る。小数第2位を四捨五入して，小数第1位までのがい数で答えなさい。

でるポイント

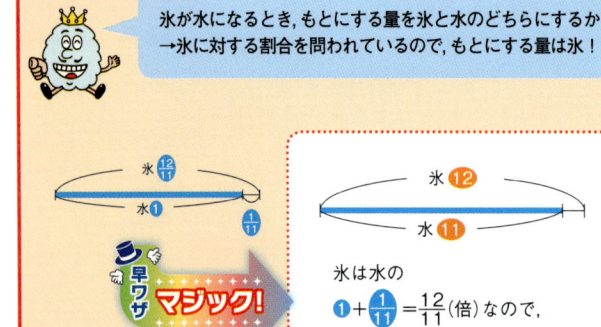

氷が水になるとき，もとにする量を氷と水のどちらにするか
→氷に対する割合を問われているので，もとにする量は氷！

氷 $\frac{12}{11}$
水 ❶　$\frac{1}{11}$

早ワザマジック！
整数の比に直す！

氷 ⓬
水 ⓫

氷は水の
❶ + $\frac{1}{11}$ = $\frac{12}{11}$（倍）なので，
氷と水の体積の比は ⓬ : ⓫

解き方

水が氷になるとき，氷は水の ❶ + $\frac{1}{11}$ = $\frac{12}{11}$（倍）になるので，

氷と水の体積の比は ⓬ : ⓫

よって，氷が水になるとき，体積の減る分は ⓬ − ⓫ = ❶ なので，

❶ ÷ ⓬ = 0.0833……より，**8.3 ％**…**答**

ボーナスポイント
求める割合から、比べられる量ともとにする量を決める。

注目問題編

入試ではこうでる

A駅からB駅までの地下鉄料金は、1回200円です。定価5000円の地下鉄カードで、料金5600円分の地下鉄を利用できます。この地下鉄カードを定価の2％引きで買いました。
このカードでA駅からB駅まで地下鉄を利用したときの1回あたりの料金は、1回ごとに切ぷを買ったときの料金の□％になります。

(同志社中)

> カードだと1回分の料金はいくらになるかな？

解き方

地下鉄カードは5600円分なので、1回200円の地下鉄を
$5600 \div 200 = 28$(回)利用できる。
定価5000円の地下鉄カードを2％引きで買ったので、
$5000 \times ([1] - [0.02]) = 4900$(円)
この値段で28回利用できるので、1回あたり、
$[4900] \div [28] = 175$(円) ずつ使うと考えられる。
よって、$175 \div 200 = 0.875$
$0.875 = 87.5\%$ … **答**

注目問題編 ❶ 虫食い算

でる順 3位 かけ算の筆算

こんな問題がでる！

ア，イにあてはまる数は，順に□，□である。

```
        ア 5
    ×   □ 3
      2 □ □
    3 □ 0
    □ イ 8
```

でるポイント

九九で一の位から順に決めよう！

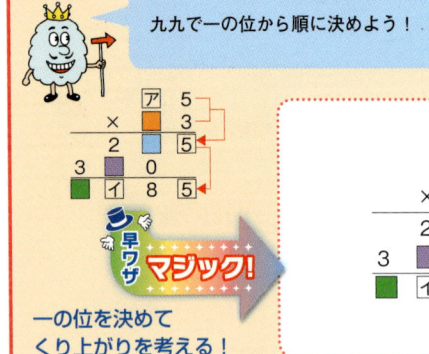

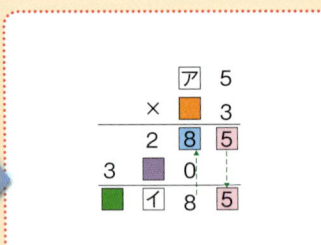

```
        ア 5
    ×   □ 3
      2 □ 5
    3 □ 0
    □ イ 8 5
```

早ワザマジック！

一の位を決めて くり上がりを考える！

```
        ア 5
    ×   □ 3
      2 8 5
    3 □ 0
    □ イ 8 5
```

解き方

```
        ア 5
    ×   B 3
      2 A 5
    3 C 0
    □ イ 8 5
```

左の図で，A＝8 とわかるので，
アは，285÷3＝95 より，9…答
すると，95×B＝3C0 で，
B＝4 と決まる。
このとき，95×4＝380 で，
C＝8　よって，イは，2+8=10
より，0…答

▶174

> ボーナスポイント：一の位から順に、わかっている数字をもとに、入る数字をしぼりながら九九をあてはめていこう。

注目問題編

入試ではこうでる

右の6つの□に2〜7のすべての数字を1つずつ入れて、筆算を完成しなさい。

```
  9 □ □ □
×         5
  □ □ 1 8 □
```

（慶應義塾普通部）

> 九九の5の段は一の位が0か5だね。

解き方

```
  9 ア イ ウ
×           5
  エ オ 1 8 [5]
```

答えの一の位は、ウ×5なので、0か5が入る。
入れる数字は2〜7なので、一の位は[5]である。
ウは奇数なので、[3]か[7]が入る。

```
  9 ア イ 3           9 ア イ 7
×           5       ×           5
  エ オ 1 8 [5]       エ オ 1 8 [5]
```

十の位が8なので、
ウは7
9×5より、エは4
あとは残りの数字をあてはめていく。

```
  9 2 3 7
×         5
  4 6 1 8 5  … 答
```

> イはきっと3だ！

旺文社
〒162-8680 東京都新宿区横寺町55
お客様相談窓口 0120-326-615
http://www.obunsha.co.jp/

中学入試突破を目指すなら
ゼッタイこれ！

中学入試に必要な問題を分析し、でる順に配列した問題集。豊富な問題量で実戦力が身につきます。

- ◆漢字 合格への2606問
- ◆ことわざ・語句・文法 合格への1190問
- ◆国語読解 合格への85問
- ◆計算 合格への920問
- ◆図形 合格への304問
- ◆算数文章題 合格への364問
- ◆理科 合格への926問
- ◆社会 合格への1001問
- ◆白地図 合格への215問
- ◆歴史年表 合格への685問
- ◇小学校まるごと 暗記ポスターブック
- ◇小学校まるごと 暗記カード

中学入試
でる順 過去問
シリーズ

旺文社編 B5判【全12点】

［中学入試ポケでる 算数 文章題・図形 早ワザ解法テクニック 三訂版］　S5a094